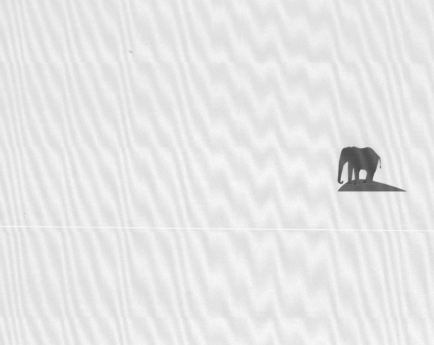
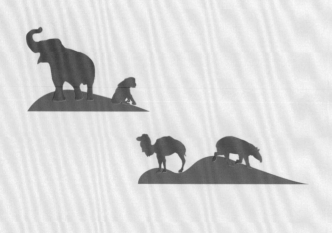

我家住在动物园

上

林俪芳 ◎ 著

金城出版社

GOLD WALL PRESS

图书在版编目（CIP）数据

我家住在动物园 / 林俪芳著 . —北京：金城出版
社，2017. 10
ISBN 978-7-5155-1567-0

Ⅰ . ①我… Ⅱ . ①林… Ⅲ . ①动物 – 普及读物 Ⅳ .
① Q95-49

中国版本图书馆 CIP 数据核字（2017）第 255905 号

原著作品：我家住在动物园
原出版社：策马天下国际文化有限公司
作　　者：林俪芳
本书由策马天下国际文化有限公司正式授权，经由凯琳国际文化代理。
中国大陆中文简体字版出版 © 2018 金城出版社

我家住在动物园

作　　者	林俪芳
责任编辑	李凯丽
开　　本	787 毫米 ×1092 毫米　1/16
印　　张	27.25
字　　数	100 千字
版　　次	2018 年 7 月第 1 版　2018 年 7 月第 1 次印刷
印　　刷	廊坊市海涛印刷有限公司
书　　号	ISBN 978-7-5155-1567-0
定　　价	119.00 元（全二册）

出版发行	**金城出版社**　北京市朝阳区利泽东二路 3 号　100102
发 行 部	（010）84254364
编 辑 部	（010）84250838
总 编 室	（010）64228516
网　　址	http://www.jccb.com.cn
电子邮箱	jinchengchuban@163.com
法律顾问	陈鹰律师事务所（010）64970501

目录

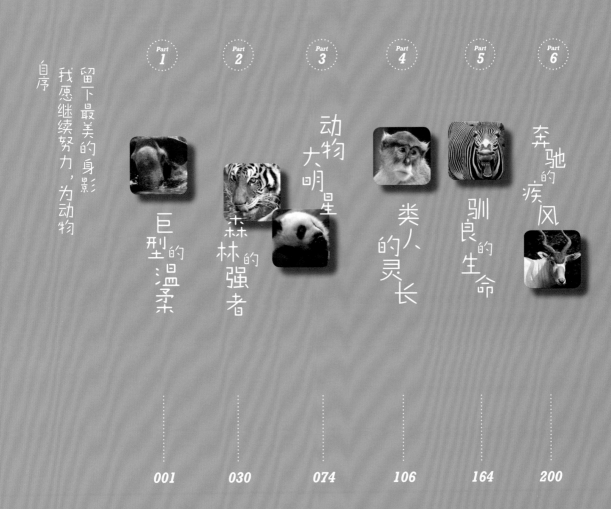

我愿继续努力，
为动物留下最美的身影

我家就住在台北市动物园的旁边，在占据了天时、地利和人和的得天独厚的条件之下，长期怀抱着傻劲和精益求精的工作态度，我慢慢养成了坚持不懈的好习惯，不管下雨刮风和天晴，愉悦还是惆怅，我总是带着相机去追求上天所恩赐的那些美好，完完全全是一种享受孤独的喜悦，观察动物之间充满灵性的有趣互动，我仿佛看到一群小孩肆无忌惮的撒野，那种从心底油然而生的满足感与跃动之情，一直让我深深着迷，长久不舍得离去……

说到动物摄影，当然首先必须具备一般摄影的基本技能，不仅先要了解相机光圈、光影速度的搭配、构图、色彩、光影、色调及主角的个性内涵，至于一张影像的最终的呈现，气氛、张力、情感、心情等等内容，都是缺一不可且必须完全掌握的技能。

有时候，摄影需要以一种积极的态度去构思作品完成时所能呈现的画面，因此刚开始它常常需要一次又一次的试验和修正，在这个过程中，摄影者的摄影技巧、摄影理念、摄影美学……始终充满在创作的思维中，摄影者越是投入，越能感受到它的真、善和美。

反观，人生不也是如此？即使那只是生活中一个微小的感动，但如果汇集了这许多的小感动，无形之中马上丰富了一个人的内涵。

同样的，摄影者发自内心所散发出来的一种对拍摄对象的细微观察与感动，很自然地就能够融入作品当中，进而也沉淀和影响着读者的心，来一场心灵的交汇。

摄影师一种追求真、善、美的艺术，也是所有艺术工作者所应该追求的最高目标。最后，我将继续秉承这个原则，继续坚持不懈，为动物留下最美的身影！

林俪芳

林俪芳出生于 1951 年，祖籍中国台湾宜兰市，从小就热爱艺术，曾拜师何肇衢、陈银辉老师学习油画，至今已 20 余年，其间曾参加多次的油画联展，1983 年投入摄影，获得业内人士的肯定和赞誉。因家住台北市木栅，故选定"台北市动物园"为永久拍摄主题，成功举办三次该主题的摄影展，获得好评无数。

曾经担任

台湾地区摄影学会沙龙主席、台北市摄影学会沙龙评审委员、新北市摄影学会沙龙评委委员等职务。

个 展

"动物之爱，领略人生真善美"
2008 年 7 月　台北市立动物园教育中心
2008 年 9 月　孙中山纪念馆 B1 载之轩
2011 年 4 月　台中市文化中心——大墩艺廊

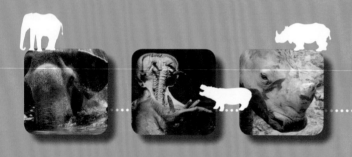

巨型的温柔

亚洲象

我 是 1917 年 10 月 29 日出生的亚洲象林旺，一生经历过战争，走过大江南北，因战争被迫迁移处所。1954 年来到台湾，这里是我成家立业、终老一生的地方。

亚洲象来自印度、缅甸、泰国、苏门答腊和斯里兰卡。我在圆山动物园，以三十七岁的年纪，与满三岁的马兰成婚，是整个动物园里最早的老少配。

在我五十岁那年，动物园的管理员发现我的身体里有个良性肿瘤，于是请兽医为我治疗，管理员在整个治疗过程中尽心地从旁协助，但我真的很痛苦，那段经历一度让我对管理员跟兽医不太友善。

这里是我成家立业、
终老一生的地方。

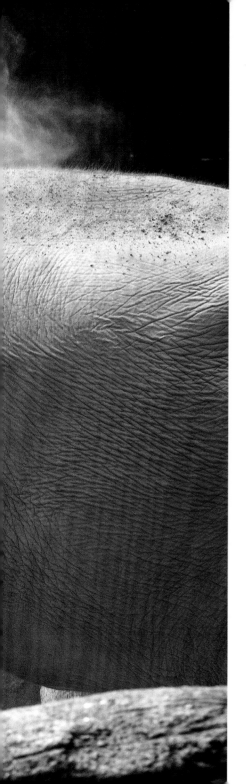

　　我以草、树皮、根、茎、叶为主食，平均一天可以吃下120公斤～200公斤的食物。成年体重约2700公斤～5000公斤，体长500厘米～600厘米，身高240厘米～330厘米。雌象体形较小。雄性有长牙，雌象有象牙但不突出。鼻端有一个呈手指状的突出物，这里有大量的神经细胞，可让象鼻像人类的手指一样灵活。

　　亚洲象的耳朵比非洲象小且圆，我们的性情温和，比较容易驯服。老虎、豹和人类是我们最大的敌人。平均寿命五十年至六十年。

　　亚洲象擅长游泳，喜欢在水中打滚，只要有机会就定期洗澡，目前在东南亚一些国家驯养的家象、役象很多。2002年11月，马兰因为淋巴癌离开我。

　　2003年初，我得了退化性关节炎，2月开始，我时常泡在水池里，有时候甚至在水池中待上一整天的时间。2月底，我在水池边告别我的人生，享年八十六岁。

　　跟其他亚洲象相较，我算很长寿呢！

这一对象牙，让我们从上千万的庞大族群，变成三十万的濒危动物。

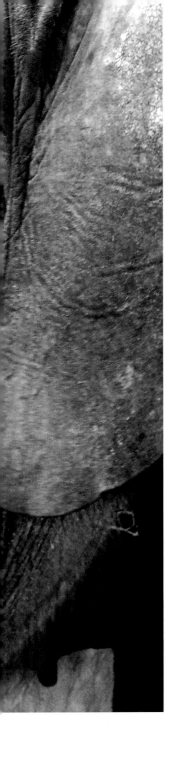

非洲象

我们是来自非洲东部、中部、西部及撒哈拉沙漠以南地区的非洲象，也是陆地上体积最大的动物。

在非洲草原上连狮子都要对我敬畏三分。雌、雄都有长而弯曲的象牙（雌象较小），象牙最高纪录是 102.7 公斤，唉！就是这一对象牙，让我们从上千万的庞大族群，变成三十万的濒危动物。

草、树皮、树叶、嫩枝、果实等，都是我们的主食。我们有对超大的椭圆形耳朵，上下长度达 150 厘米。一天可吃进 150 公斤～280 公斤的食物，成年雄非洲象身长 600 厘米～750 厘米，雌性身长 540 厘米～690 厘米，肩高约 240 厘米～350 厘米，体重约 3500 公斤～7000 公斤，是素食界的大块头。体重约为 4000 公斤～5000 公斤，最重记录有 10000 公斤。

长长的鼻子功能更多，它可以帮助我们采摘高处的果实和树枝、绿叶，还可以拔起地上的青草，是我们吃饭时不可或缺的家伙，还可以灵活地捡起地上的花生米呢！天气过热的时候，鼻子还可以吸水，往自己身上喷洒，既消暑又能玩水，一举数得。

我们的皮肤厚度是人类的十七倍，成年后更是全身上下充满皱褶，不只是厚脸皮而已。臼齿一辈子可更换六次，直到最后一次的臼齿脱落，那时就会因为无法咀嚼食物而死亡。寿命一般在六十岁至七十岁。我们可以每小时5公里～7公里的速度移动觅食，一天只休息4小时～6小时。成年象通常是站着睡觉。

目前非洲象正在以每天90头的速度消失中，如果无法遏止非法猎杀，十二年之后（2025年），野生非洲象极有可能完全从地球上绝种。

非洲象目前被列为濒临绝种保护类野生动物。

马来貘

我的族群来自马来半岛、苏门答腊、泰国、柬埔寨和缅甸，有人叫我亚洲貘或是印度貘。

因为我的前脚为四趾，后脚为三趾，加上外貌似猪不是猪、似象不是象，古书上称我们为"四不像"。

我喜欢吃多汁的植物叶子、茎、根和植物的嫩枝芽、水果、草及水生植物。成年体长为 180 厘米 ~ 240 厘米之间，站立高度有 90 厘米 ~ 110 厘米。重量约在 250 公斤 ~ 320 公斤之间，最重的特例有 410 公斤。平均寿命约二十年至二十五年。雌性的马来貘通常比雄性体形大，全身除中后段如穿着白色肚兜，其余部位都是黑色。

别名 四不像、食梦兽

传说马来貘能吃掉恶梦，被称为食梦兽。

其实我们是视力不佳、胆子小又害羞的群体，幸好听觉和嗅觉很好，遇到危险可以躲进水里避难。动物学家发现我其实跟犀牛有共同的祖先，目前全世界已知共有四种貘：马来貘、中美貘、南美貘和山貘。我是体形最大的。除了亚洲的马来貘有着黑白配色彩，其他分布在美洲的三种貘，都是棕灰色。

白犀牛

我们是来自南非和非洲东部、中部草原的白犀牛，号称陆地上体形第二大的动物（仅次于大象）。

头体长 360 厘米 ~ 500 厘米，尾长 40 厘米 ~ 100 厘米，肩高 160 厘米 ~ 200 厘米，成年公犀牛可大到 2300 公斤 ~ 3600 公斤。我们的名字跟外貌并没有直接关连，皮肤并没有很白，倒是皮很厚，在地面上除了人类，没有天敌。视力差，但听觉及嗅觉佳。以像雷达般可以左右转动的大耳朵，打探周遭的动静。

因为头上的尖角，让我成为猎人追杀的对象。

数百年来，亚洲的传统医药神化了犀牛角，人们误以为犀牛角有壮阳的功效，导致我们不断被捕杀。其实尖角只是毛发角质硬化的结果而已。

白犀牛生活在非洲大草原，以草为主食，一天进食 12 小时，睡觉 8 小时，其他时间自由活动。我们喜欢在泥巴中打滚，因为可以借机驱除皮肤上的体外寄生虫，同时降低体温。平均寿命一般为四十年至五十年。

美洲野牛

我是来自北美洲的美洲野牛，也叫犎牛或美洲水牛。

根据专家相关 DNA 研究，认为我的祖先来自欧亚大陆，但现今欧亚大陆除了波兰的巴洛维萨森林地带还可以看到我之外，其他地区几乎已看不见我的踪迹了。

我是草食性动物，头上有一对弯弯的利角，和一个犹如山丘的肩膀，背部有微微隆起的特征。体重约 400 公斤 ~ 1200 公斤，体长 210 厘米 ~ 380 厘米，尾长 50 厘米 ~ 60 厘米，肩高 260 厘米 ~ 280 厘米。虽然外形看起来笨重，但跑起来时速可以到达 40 公里 ~ 60 公里。

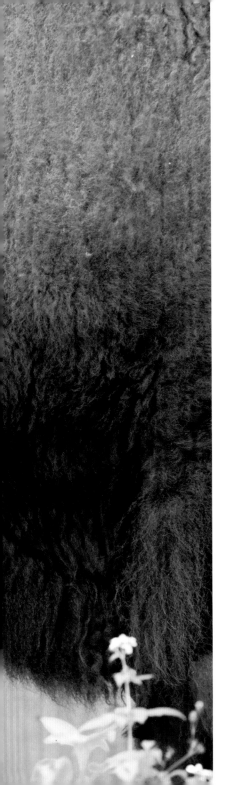

从欧洲移居到美洲后，我们发现这里的环境非常适合，从此快速扩大家族成员。直到欧洲人移民到北美的时候，数百万只的美洲野牛遭到枪杀。1903年在北美大草原上只剩下二十一头野生野牛。如今最壮观的野牛群只能在非洲看见。我们是一夫多妻制，平均寿命约二十五年至三十岁。

河马

我是来自非洲撒哈拉沙漠以南的河马，也有人叫我尼罗河马。

由于颚部关节位置不同，嘴巴张开时可达150度，这就是为什么我打个哈欠，就会把所有的人都吓跑。

我有四颗长达40厘米的獠牙，咬力将近3000斤，一天可吃下130公斤的植物。原本在埃及有很大的家族，由于那四颗长牙很值钱，如今在埃及已经看不到我了。

本来是草食性动物，但是在1995年7月，有河马曾经猎杀飞羚并食用的记录出现。也有记录显示，河马曾食用水牛尸体及其他河马的尸体。所以我现在已经是杂食类动物了！体重约2000公斤~2500公斤，体长约300厘米~400厘米，身高不超过165厘米。外形笨重，在陆地上奔跑的速度可达40公里。唯一天敌就是人类，平均寿命约二十五年至四十年。

别名 **尼罗河马**

　　我白天几乎都是泡在水里，只露出小小的、圆圆的耳朵和眼睛、鼻子（眼耳鼻成一直线）在水面上。有人以为我很会游泳，其实我在水中是脚踩着湖底，一步一步前进。看起来脾气温和，但我其实是很自我且暴躁的，曾经有动物刚巧站在我返回水池的路上，我一气之下就把它撕裂成两截。

　　到非洲看过我的人对于味道的印象一定特别深刻，因为我有个边走路边大小便的习惯，而且还会用尾巴把粪便拨向四周，同类打架的时候还可以拿来当武器，拨到对方身上。

有人问河马会不会流汗？我的身上没有汗腺，但离开水面的时候，身体会分泌一种红色的黏性液体，功能是可以保护皮肤，预防过多的紫外线，还可避免脱水龟裂。

森林的强者

Part 2

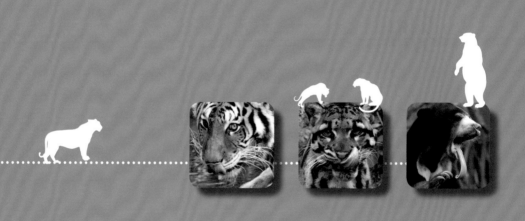

非洲狮

我是来自非洲、巴尔干半岛以及阿拉伯半岛的非洲狮。

毛色从淡黄褐色、银灰色、橘色一直到暗棕色都有，尾巴末端是黑色。雄狮有鬃毛，颜色为黄色、棕色或红棕色，鬃毛会随着年龄的增加而变深，最后变成黑色。

喜欢猎食羚羊、长颈鹿、水牛及斑马等中大型草食动物，有时也会抢夺其他肉食动物的猎物，一餐可吃下 40 公斤的肉。成年雄性体长 170 厘米 ~ 250 厘米，雌性 140 厘米 ~ 170 厘米，雄性尾长 90 厘米 ~ 105 厘米，雌性 70 厘米 ~ 100 厘米。雄性体重 150 公斤 ~ 250 公斤，雌性 120 公斤 ~ 182 公斤。野生非洲狮平均寿命约十五年，圈养环境寿命可达二十年。

　　我们是非洲最大的猫科动物，只在晨间及夜间出没。有人专程到非洲来看，结果却看到我们懒洋洋地躺在草地上晒太阳。这是经常发生的事，因为我们只在饿的情况下才会有猎食的行动。非洲狮是群居动物，每个群体约 3 只～30 只。

　　目前在野外约有 16000～30000 只，属于珍贵稀有的保护类野生动物。

美洲狮

我是来自北美洲、中美洲以及南美洲的美洲狮。

跳跃能力很强，能从 12 米 ~ 13 米高的树上跳下，能跃过 7 米的高度，跃过 10 米 ~ 13 米的距离。擅长游泳和爬树，也很能跑，每小时能跑 50 公里 ~ 60 多公里。

美洲狮体形比狮小，长相也不同。身体细而强壮，一般体长约 100 厘米 ~ 160 厘米，肩高 66 厘米 ~ 76 厘米，尾长 52 厘米 ~ 82 厘米，体重 55 公斤 ~ 105 公斤，雄性体重可达 113 公斤。美洲狮外表没有花纹，是除狮子以外唯一单色的大型猫科动物。

我是以野生兔、羊、鹿为主食，有时候太饿也会盗食家畜、家禽，甚至连犰狳、豪猪和臭鼬，也能当食物。从海平面起到海拔 4000 米的高原都是我生活的范围。在南美洲我会避开美洲虎集中的亚马逊热带雨林，通常一早和夜间外出活动，其他时间休息。

别名 山狮、墨西哥狮、银虎、佛罗里达豹

虽然有人说我是北美之王，其实我的天敌是美洲的狼群，尤其是有小宝宝要照顾的时候，要更谨慎小心。当小宝宝三个月大的时候，妈妈就要训练它们独立，一次带一只外出捕猎。平均寿命约十五年至二十年。

孟加拉虎

我 是来自印度和孟加拉国、尼泊尔、不丹和缅甸热带丛林的孟加拉虎。

毛色为橘色至浅橘色，有深褐色或黑色条纹，是所有老虎当中皮毛最美丽的。因为我美丽的皮毛和人们对虎鞭、虎骨的迷思，让我的家族成员陷入灭绝危机。

主食是小鹿、印度黑羚、野猪、猴子和印度野牛，有时候豹、狼和鬣狗、豺、狐狸等肉食动物，也是我的食物。喜欢在夜间捕食，瞄准猎物的咽喉，直接咬断较小猎物的颈椎让猎物窒息。我可以在一餐内吃掉 18 公斤 ~ 40 公斤的肉，因为接下来几天可能什么猎物都捕猎不着。据估计野生的孟加拉虎数量已经少于 3000 头。

从头到尾，雄孟加拉虎有 270 厘米 ~ 300 厘米长，肩膀宽度有 90 厘米，体重约 200 公斤 ~ 290 公斤。雌虎体形较小，体长为 240 厘米 ~ 265 厘米，重 100 公斤 ~ 181 公斤。我的吼叫声你们在三公里远处就可以听得到。在所有的猫科动物里面，只有我是游泳高手，夏天的时候最喜欢泡在水里消暑。

因为在动物园里都有人为我们张罗食物，不用外出捕猎，时间一久就会变得比较慵懒，所以大部分的时间我都会躺着晒太阳。

别名 印度虎

花豹

我是来自西非到苏门答腊、中国华北至华南等地的花豹，也是大型猫科动物之中分布最广的。

我的皮毛颜色鲜艳，布满圆形、椭圆形黑褐色或金黄色斑点，也有人叫我金钱豹。

我的身手敏捷，动作灵活矫健，会游泳，会爬树，反应灵敏，嗅觉、听觉和视觉都很好，是猎食高手。有蹄的动物、猴子、爬虫类，以至重达 900 公斤的大羚羊，都是我的猎物，有时候也会捕猎家畜。非洲花豹通常会把猎物拖上树慢慢吃，以防止狮子或鬣狗前来抢夺。

别名 金钱豹

成年后肩高约 90 厘米，体长约 90 厘米 ~190 厘米，尾巴长 60 厘米 ~95 厘米，雄性体重 65 公斤 ~90 公斤，雌性体重 29 公斤 ~37 公斤。我们生活在海拔 100 米 ~3000 米的地方，森林、草原、湿地、沼泽、沙漠、雪地等。小豹出生时视力几乎是零，夭折率达 40% ~ 50%。由母豹独自抚养，三个月断奶，一岁半至二岁才能自立。

目前是濒临绝种的保护类野生动物。

云豹

我 是来自亚洲东南部（尼泊尔、缅甸、印度东部、中南半岛、马来半岛）的云豹。中国陕西、甘肃、台湾也有我们的同伴。

我的尾巴几乎与身体等长，它可以帮助我在树上行动时的平衡，并且灵活的捕捉猎物。但是在中国台湾地区出现的云豹，特征是尾巴比较短。

主要猎物是树上和地面上的哺乳类，特别是长臂猿、猕猴、麝香猫，小鹿、鸟类、刺猬和人类所饲养的家畜。肩高50厘米～80厘米，最长的犬齿将近5厘米（与老虎的犬齿长度相当）。体长约70厘米～100厘米，尾长70厘米～90厘米，雄性体重约23公斤，雌性约16公斤。

爬树时会倒挂在树枝下，然后从树上以头朝下的姿势突袭猎物。我的瞳孔与其他动物不一样，是长方形。体色金黄，上有块状深色斑纹，体侧斑纹由大至小连成一片，因此有云豹之称。

别名 龟纹豹、荷叶豹、柳叶豹、樟豹

　　我的体形和其他豹不同，四肢较短且结实，爪子非常大，头部较圆。最特别的是脸部有两条泪纹，圆形的耳朵背面有黑色斑纹。

　　我的行踪向来都很神秘，至今生物学家也还没研究彻底，我一年四季都能交配，却在这地球上逐渐走向灭绝之路，如今已经被中国列为红色警戒的濒临绝种动物。

　　野生云豹寿命约十一年，豢养的雌云豹约十七年。

林狍

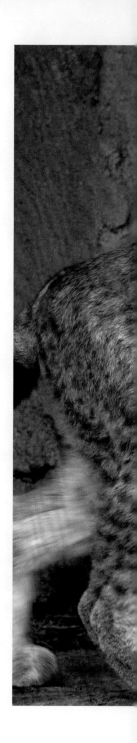

我们是来自于欧亚大陆北部及美洲大陆北部的林狍，也有人叫我猞猁，也就是俗称的山猫。

外形似猫，体形比猫大得多，四肢较长，但尾巴极短（这点和其他猫科动物完全相反）。

我们的毛色变化多，但不脱离黄棕色系。后肢比前肢长，两耳上有一小撮黑色耸立的长毛，这有助于提高听力。

　　我通常生活在树林或是山坡上，是人们常说的夜猫子，喜欢在夜晚捕猎，有时候太饿了，也会在白天出来找食物。我俗称冈底斯山猫（或叫雪猫）。主要食物是雪兔或各种野兔，体长约 85 厘米～130 厘米，体重 18 公斤～33 公斤，肩高约 100 厘米。虎、豹、雪豹、熊等大型动物，都是我的天敌，平均寿命约十二年至二十五年。

　　我非常有耐性，可以在一个地方守候几天几夜，只为了等待猎物靠近，然后突击。如果失败，我不会去追赶猎物，而是回到原地继续等待下一次机会。我很会爬树和游泳，通常都在夜里爬到树上猎捕鸟兽。

斑点鬣狗

我们是来自非洲、阿拉伯半岛、亚洲和印度次大陆的斑点鬣狗，虽然名字叫鬣狗，但跟你们家里养的狗完全不一样，千万不要想把斑点鬣狗养在家里，因为我们的攻击性很强。国家地理频道曾测量几种动物的咬合力，结果发现我们的咬合力是人类的十二倍，连狮子都对我惧怕三分呢！

斑点鬣狗雌雄外观毛色相似，母鬣狗的体形略大，公的约45公斤～60公斤，母的约55公斤～70公斤。我们在野外吃鱼、龟、犀牛、河马、小象、斑马、穿山甲、蟒蛇等，一餐可吃下14公斤的肉。成年肩高67厘米～85厘米，体长94厘米～150厘米，尾长30厘米～36厘米。平均寿命十二年至二十五年，圈养最高纪录四十一年零一个月。

我们常被归类为吃腐肉的动物，事实上我们会自行判断，自己狩猎、抢夺别人的猎物，还是乖乖等其他动物吃剩的残渣。遇到狮群进食时，我们会乖乖等候。遇上落单的狮子，我们就在旁边又吵又闹，搞得狮子食不下咽自动走开，猎物就到手了。为了能够吃到有营养的动物内脏，我们能够忍受剧烈的臭味。

　　有人说斑点鬣狗其貌不扬，但我们可是非洲大草原上有脑子的肉食性动物，因为我们知道群体出猎，成功机率高达八成，比单打独斗有效率。

　　我们的小宝宝出生时已经可以张开眼睛、也已经长牙，这可是其他动物很难做到的！

台湾黑熊

我是土生土长的台湾黑熊，胸口都有米黄色或白色毛呈 V 字型或是圆弧型，也有人称呼为月熊；因为嘴部形状像狗，有人习惯喊狗熊。

成年体长约 120 厘米～170 厘米，肩高 60 厘米～70 厘米，最重可超过 200 公斤。头是圆形、耳长 8 厘米～12 厘米，尾巴通常不到 10 厘米。

我与其他亚洲熊类不同，我不冬眠。当你在野外看见我时，最好沉默地走开，因为我是有攻击性的。千万不要借爬树逃命，因为我是爬树高手。还有，别看我好像很笨重，跑起来铁定比你们快，我的速度每小时达 30 公里～40 公里。

从 1989 年开始，台湾黑熊就正式被列入保护动物，但是还是有人会来猎杀我的族群，尤其是来取走我的手掌。我们生活在海拔 1000 米～3000 米高的山上，以植物叶片、地下茎、果实、蜂巢或腐肉为主食。我走路时四肢着地，只有在觅食，或受到威胁与攻击时，才会站立姿势。

别名 **月熊、狗熊**

2001 年，我曾被票选为"台湾明星动物"第一名，是台湾陆地上体形最大的动物，也是台湾地区最具代表性的野生动物。

我的嗅觉相当灵敏，只要闻到人类接近的气味，就会先行走避。我习惯独居，没有固定的休息地点，随遇而安。

我要提醒大家，不要迷信熊掌多有营养，很多专家研究的结果显示，都是古老传说而已，吃熊掌不会让人变聪明，只会让我们面临绝种危机。希望大家可以更尊重生命，给我们家族留一条生路。

亚洲黑熊

我的外形很容易被一眼认出来，因为胸前有一道白色月牙型斑纹，所以也被称为月牙熊。被吓到的时候，叫声听起来有些像狗叫，加上鼻形和狗的鼻子相像，所以也有人叫我们狗熊。

我是杂食性哺乳动物，蚂蚁、蜜蜂、昆虫或小型兽类及橡树、栗子等果实，都是最喜欢的食物。在秋天会大量进食，准备冬眠。喜欢住在高海拔的山林，体长约在 140 厘米 ~ 160 厘米，体重 120 公斤 ~ 160 公斤，个头高大的有 200 公斤重。

别名 月牙熊、白喉熊、狗熊

别看我块头虽大，可是爬树专家，也是游泳高手，最喜欢白天活动，也会直立行走。只是视力较差，还好我的嗅觉、听觉灵敏。

因为我的皮毛又黑又亮，加上人们有一个吃熊胆、熊掌的习惯，害得我的生存空间越来越小，已经是处于濒临绝种的动物。

马来熊

我 是来自婆罗洲、苏门答腊、马来半岛、缅甸、东南亚一带的马来熊，是熊科中体形最小的。

我的耳朵比较小，成年体高约110厘米～140厘米，雌性体重27公斤～50公斤，雄性体重55公斤～70公斤。全身黑色，雄性比雌性体形大10%～45%，前胸有一块明显的黄白色或浅棕色"U"型斑纹。

别名 **狗熊、太阳熊**

　　为了方便吞食白蚁及其他小昆虫，或从蜂窝中吃蜂蜜，而有着无人能及的长舌头，只是平常我不会让别人看到，除非是不小心做鬼脸的时候被拍下来，不然没有太多人知道我很长舌。舌头长约 20 厘米～25 厘米。在圈养环境下平均寿命约二十五至二十八岁。

　　我擅长爬树，白天在树上休息，傍晚才下来活动。喜欢在东南亚热带雨林中活动，习惯独居，不冬眠。现在是濒临绝种保护类野生动物。

动物大明星

大熊猫

我们是来自中国大陆的大熊猫团团与圆圆，在家乡我的名字叫熊猫，不过不管怎么称呼，我们的样子都不变，依然是最受欢迎的动物前三名。

外表圆呼呼的，全身仅有黑白两色，因为外形看起来像个绒毛娃娃，加上个性温驯，所以全世界都有喜欢我们的人。

大熊猫最喜欢吃竹子，偶尔吃草、野果、昆虫等。有像人类一样的大拇指帮助抓握竹竿，在野地里我们会边走边找竹子，坐下来慢慢吃美味的竹子大餐。每天大约要吃掉 13 公斤 ~ 20 公斤的竹子，才够满足一天所需要的营养。因为竹子的营养有限，平均每天要花 10 小时 ~ 14 个小时吃东西，才能获得足够的热量。

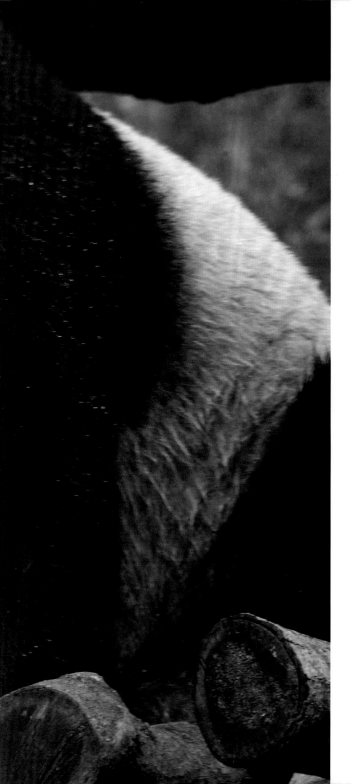

我们刚出生的时候体重只有120克～180克，成年后的体长约120厘米～180厘米，尾巴长约10厘米～20厘米，体重约60公斤～150公斤。

由于生育率低，我们被列为濒危物种，多年以来一直被视为中国国宝。野生的雌性大熊猫，每年发情期（三、四月份）只有几天，为了协助繁衍后代，多采用人工授精方式。

大熊猫是中国特有的动物，主要栖息地在四川盆地西部周边的山区。野生的雄性大熊猫会以倒立方式在树干上尿尿，宣告地盘。尿尿的位置越高，气味散布越远。

目前全世界的野生大熊猫约1600只左右。

MIT 大熊猫圆仔

2008 年 12 月 23 日，中国大陆将我们命名为团团、圆圆，并以动物交换的模式，正式落户台北市动物园。园方自 2011 年开始积极进行繁殖计划，圆圆经过三年共七次人工受孕，2013 年 7 月 6 日终于顺利产下熊猫宝宝圆仔。

我是在台湾地区出生的大熊猫宝宝圆仔，出生的时候体重是183.4克，是个体长十几厘米全身粉红色的超级迷你小小孩（我同时也是体重超重的小胖妞）。

听说我出生后，照顾我的保育员们有的人开心到激动流泪，我也非常高兴可以在台湾出生，成为这里的一分子。我出生后的三天时间，是我能否平安长大的关键期，必须要确保可以顺利吸吮到母乳，动物园上下所有工作人员为了照顾我，24小时都有保育员陪在我身边。

我在第二、三周大的时候，身体开始长出细小的黑毛，隐约可以看出"熊猫眼"。满月那天体重已有1100克。我妈咪圆圆的主食是竹子，加上苹果或胡萝卜，我都喝母奶，排出来的便便都是黄色的细小颗粒状。保育员从我的便便来判断我的健康状况。

我在第97天大的时候体重突破6公斤，并且开始学习走路，刚开始只能摇摇晃晃走了约1米，工作人员不但没有瞧不起我，还很正面的鼓励我："圆仔！好棒喔！"第120天时，我开始练习攀爬，有时候会误将保育员的腿当成栖架，抱着不放。

　　因为喜欢我和关心我的人太多，为了让大家了解我的成长状况，动物园方决定每天下午四点直播一小时我的私密生活，从此我在动物园里完全没有秘密可言了。还好我是个没有秘密的熊猫宝宝，没有什么不能坦白的，看就看吧，我坚持做自己。

　　有一段时间我特别喜欢玩妈妈的水盆，有时候会把屁屁塞在水盆里，感觉冰冰凉凉的，好有趣！妈妈做什么，我就跟着做什么，比如喝水、咬竹子、爬高竿。

动物园决定在我满六个月大的时候，安排我跟妈妈在大熊猫馆跟全台湾民众见面。我每天都要睡足 20 小时，所以经常玩不到半小时，就呼呼大睡。如果你们到动物园来看我，看到我在睡觉，请多多包涵，那绝对不是故意的。我虽然已经有 16 公斤，但还是以喝妈妈的母奶为主食，要到一岁半以后才会慢慢断奶。

　　2013 年由比利时人贾可伯斯（Jeroen Jacobs）建立的"大熊猫动物园网站"，举办全球猫熊网路票选活动，投票结果出炉，圆仔获得"年度最具性格熊猫奖"第一名，和"年度最受欢迎熊猫宝宝奖"第二名，仅次于美国亚特兰大的新生双胞胎美轮与美奂。

很多媒体跟粉丝朋友们都叫我"可爱萌主"，其实我的每个动作都是很随兴的，所以才会获得年度最具性格奖的冠军喔。

有粉丝朋友说："圆仔是台湾之光。"说真的我比较关心的是四岁后就可以相亲这件婚姻大事！

小熊猫

我是来自云南、四川至喜马拉雅山麓、尼泊尔、不丹、印度、缅甸北部的小熊猫，和熊猫没有血缘关系，经过基因分析认为我与美洲大陆的浣熊有亲属关系，有人建议应该将我单独列为小熊猫科。

最喜欢吃竹叶、笋尖、草、根、果实、昆虫、蛋、小鸟及小型鼠类，长大后体长约53厘米～63厘米，尾巴长28厘米～48厘米，体重约3公斤～5公斤，身体毛为栗色，四肢和腹部有些黑色，脸部有白色花纹，尾巴有六个黄白相间的环纹。寿命约十三年。

别名 红熊猫、火狐

　　我通常生活在海拔 2200 米 ~ 4800 米左右，讨厌高温，大部分时间在树枝上或是树洞中休息，白天睡觉，喜欢晚上出来活动。我喜欢安静，只会发出吱吱声做简单沟通。吃东西的时候会用前肢把食物送进口中，喝水也是，会将水放在掌中再舔食。由于森林砍伐造成野生栖息地萎缩，据估计野生小猫熊数目不足 2500 头。

　　有人称呼圆仔为小熊猫，其实圆仔和小熊猫完全没有关系，唯一相像的地方是外型可爱且都爱吃竹子。

无尾熊

我是来自澳洲东部昆士兰州、新南威尔斯和维多利亚地区低海拔的无尾熊，我的原名 Koala（考拉）是澳洲原住民的方言，指"不喝水"的意思。

无尾熊通常只吃桉树（尤加利树）的叶子，因为桉树叶含有大量的水分（约50%），所以我可以不喝水，这也是名字的由来。身长约60厘米～85厘米，体重约8公斤～15公斤，耳朵约5厘米～6厘米，雌性无尾熊身体有育儿袋，雄性胸前有咖啡色条纹，没有尾巴。平均寿命约十年至十五年。

我是有袋动物，小宝宝通常都是在怀孕25～35天就早产。小无尾熊刚生出时只有约2厘米、5克大小（约和一个五元硬币相当），它必须自行从产道爬到母亲的育儿袋中，并在接下来的5～6个月，靠着喝母亲的乳汁继续发育和成长。

别名 **树熊、树袋熊**

　　我是个性温顺的澳大利亚特有生物，在十九世纪初遭到捕杀，数量由百万只锐减至一千多只，于是澳大利亚政府决定立法保护我。我很喜欢睡觉，平均一天睡二十个小时，经常趴在树上晒太阳睡觉，晚上才外出行动。

　　如果你在动物园看到我正在睡觉，请不要叫醒我，因为睡觉占据我一天中 80% 的时间。

黑脚企鹅

我们是来自南非及纳米比亚附近岛屿的黑脚企鹅，也是唯一生长在非洲的企鹅。求偶时的叫声似公驴，所以，我们也叫公驴企鹅。

最喜欢吃细小的鱼类，如沙丁鱼、凤尾鱼、介虫及乌贼等，从食物中获取足够的水分。游泳速度平均每小时7公里，最高可达每小时20公里，一次潜入水中可达2分钟。成年体长68厘米~70厘米，体重约2公斤~5公斤。雄企鹅体形比雌企鹅大一些。

别名 非洲企鹅、斑嘴环企鹅、公驴企鹅

我们可以潜水至海底 130 米处猎食，
身体的黑白色是一种伪装，一夫一妻制，
平均寿命约十年，最高纪录二十四年。

国王企鹅

我们是来自南极马尔维纳斯群岛、南乔治亚岛、南非南端海域、新西兰南方海域马奎利岛的国王企鹅，也是世界上体形第二大的企鹅。

身高约 80 厘米～100 厘米，体重约 10 公斤～18 公斤。

最喜欢吃鱼、乌贼、鳞虾，平均一天吃两餐，每次可吃掉约 500 克～600 克的猎物。根据记录显示，我们能够潜到 510 米深的水下，一次能在水底停留 18 分钟，是超级潜水员。只是我们每次下水捕猎的成功机率很低，每十次仅一次有收获。游泳速度约每小时 8 公里～10 公里。

　　我们其实不擅长在雪地里行走，尤其是圆乎乎的体形左右摇摆，看起来像是大老板似的。所以我们找到一个最快速且实用的方法在雪地前进，用肚子作"平底雪橇"趴在雪地上，用鳍状肢及腿来推进。这样是不是很聪明呢？野生国王企鹅平均寿命约十二年，圈养企鹅据说可达二十年至三十年。

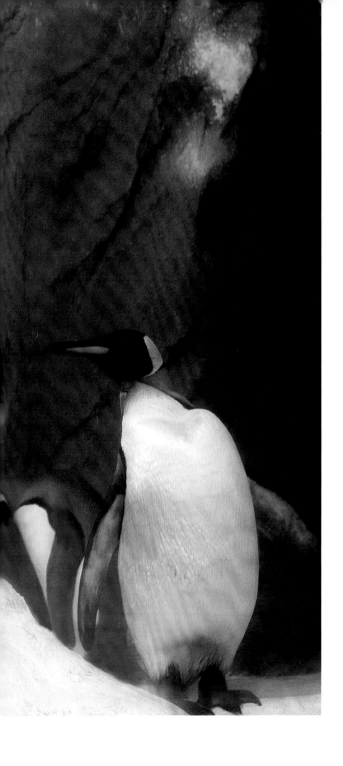

　　我们的外表很容易辨认，嘴巴是长长的红色，颈部与胸口处有鲜亮的金黄色。是企鹅家族中，色彩最鲜艳的一种。还有，我们非常合群，做任何事情都会团体行动。

类人的灵长

台湾猕猴

我们是除了人类之外，唯一住在台湾地区的灵长类动物。

最喜欢吃水果，爱吃香蕉、芒果、荔枝、柳丁等，有时候也吃其他昆虫、甲壳类和软体动物。

在脸颊与脖子之间有个颊囊，吃东西的时候会先将食物快速塞满颊囊，等到较安全的地方时，再慢慢咀嚼享用。不过小朋友们不能学我们喔！还是要一口一口细嚼慢咽，才是正确的饮食习惯。

因为四肢毛色较黑，也有人叫我们黑肢猴。我们的特色是头圆、脸平，体形不大，成年的体长约40厘米～55厘米，尾长26厘米～46厘米，体重约5公斤～12公斤，雄性个头较高大些，在台湾是珍贵稀有的野生动物。长尾巴最主要的功能是在活动时保持平衡，也可以作为彼此间的沟通语言。

别名 **黑肢猴**

　　我们的前肢比后肢短，各肢有五趾，和人类很相像。通常白天出来活动，喜欢过群体生活。从玉山国家公园，到台湾南部，都设有我们的生态保护区呢！

　　平均寿命约二十五岁，原台北圆山动物园有只猕猴生活到三十二岁，如今虽已过世，仍是"猴界"纪录的保持者。

马来猴

我们是来自东南亚和印尼热带森林的马来猴，最喜欢吃种子、水果、树叶和昆虫，青蛙和溪虾、溪蟹也是我们喜欢吃的食物。因为爱吃虾蟹及有壳的小动物，所以被称为食蟹猕猴，也有人叫我们长尾猕猴。

别名 **食蟹猕猴、长尾猕猴**

对我们而言，
四海之内皆兄弟。

成年体长约40厘米～47厘米，尾长约50厘米～66厘米，是猕猴类中体形最小的。我们的性格和小朋友很像，对其他动物都有强烈的好奇心，喜欢和他们做朋友。所以如果有一天，你看到我和其他动物玩在一起，或有亲密的肢体接触，千万不要大惊小怪，对我们而言，四海之内皆兄弟。

我们喜欢住在河口边的红树林及沼泽地，白天出门，晚上睡在树上。平均寿命约三十七年。

猪尾猕猴

我 是来自缅甸、泰国、印度、马来西亚和中国云南的猪尾猕猴。

因为我的动作细心，也比较有耐心，在泰国，人们会训练我来帮忙摘椰子，通常一天我可以摘下近千个椰子，所以也被叫做椰子猴。有些植物学家也会请我帮忙，到树上搜集植物的样本。

我是杂食性动物，蚯蚓、昆虫、虾蟹、田螺，植物的茎叶种子、果实都是我爱吃的。我是猕猴科中体形最大的，也是最会撅嘴、装可爱、做表情的群体。喜欢群居，成年的雄猕猴身长为49厘米～60厘米，雌性为47厘米～56厘米，尾长约8厘米～23厘米。体重雄性约8公斤～9公斤，雌性约4公斤～6公斤。寿命约二十五年。

别名 **椰子猴**

人们以为我平时抬眉、眯眼、撅嘴，是在装可爱，其实我是运用脸部表情在做沟通与交流。

我们也会彼此帮对方梳理毛发、捉虫子互相示好。不过平时我是男女有别的，只有在繁殖期的时候才会男女相互捉虫子。

红猴

我 是来自非洲塞内加尔、伊索比亚，和坦桑尼亚的红猴，身材修长、动作灵活，是所有灵长类动物界的跑步冠军，时速可达 55 公里。

有些游客还是会把我们误认为来自中国的金丝猴。在这里我要再三强调，我们的毛色偏红棕色，而且没有朝天鼻。

我们是杂食性动物，野莓、水果、豆类及种子都是我们的食物，我们有时候也吃蕈类、蚂蚁、蚱蜢、蜥蜴及鸟蛋。成年雄性体重约 7 公斤 ~ 13 公斤，雌性约 4 公斤 ~ 7 公斤。身长约 60 厘米 ~ 87 厘米，尾长约 50 厘米 ~ 75 厘米。平均寿命约二十年。

别名 跳舞猴、军队猴、骑兵猴、准尉猴

我们通常生活在干燥的大草原及树木稀疏的林地，雄性且年长的猴会负责在较高处站哨，像人一样用后脚站立向四周瞭望，发现有危险的时候，立刻通知大家躲到树上或快速逃走。

目前我们是珍贵稀有的保护类野生动物。

环尾狐猴

我 是来自马达加斯加的环尾狐猴，
也有人叫我们节尾狐猴。

因为喜欢边走边跳，样子很有趣，所以有电影拿我当主角，
听说很多小朋友自从看了电影而喜欢上我，也有大朋友是看了电
影才认识我的。

我主要吃素，以水果和树叶为主食，偶而也会吃昆虫、鸟蛋
或幼鸟维生。成年的体长约38厘米~45厘米，尾长56厘米~
62厘米。一般而言，野生的环尾狐猴寿命约为十六年到十九年，
人工饲养可以达到二十七年。

所有的狐猴家族都是夜行性动物，只有我们是日行性，做事从来都是光明正大！

　　雄猴的腋下有一个小腺体，在繁殖期间雄猴会把分泌出来的油脂抹在尾巴上，借此诱导雌猴上门，完成交配。我们都是群居动物，群体中会有几只雌猴担任领导中心，雌猴会终生留在同一个群体里，雄猴则游走其他群体。我们主要在地面活动，但个个都是爬树专家。

　　目前是濒临绝种的保护类野生动物。

褐狐猴

我们是来自马达加斯加北部和西部的热带雨林，及科摩罗马约特岛的褐狐猴。

因为脸蛋长得非常像狐狸，因此被称为"狐猴"。我的嗅觉虽然不算好，但都会将鼻头保持微温状态，使用身体的特殊腺体，将体味涂抹在枝干上，互相宣告彼此的地盘。

主要食物为果实、植物和树胶，也吃面包、饼干、猴饲料、香蕉、苹果、番石榴、番茄、猴米糕、木瓜、花胡瓜、红萝卜等。我们是夜行性动物，只在傍晚或清晨时出现在树上，如果有其他猴子侵入自己的领域，我们也是会打架的！成年的褐狐猴身长约38厘米~50厘米，尾长46厘米~60厘米，体重2.1公斤~4.2公斤。

褐狐猴被列入"极危物种"级别，如果没有好好善待我们，在不久的将来，我们可能有濒危灭绝的危险。

白颈狐猴

我是来自非洲马达加斯加的白颈狐猴，也是狐猴中体形最大的种类。

我的皮毛长而柔软，头部和尾部为黑色，颈部有一圈白色毛发，有人说我们长得有点像狐狸。

我是杂食性动物，但以各类水果与植物为主食。平常的活动时间是早晨和黄昏，下午5点~7点最为活跃。我大部分时间待在季节性雨林、距离地面约30米高的树冠层间穿梭活动。有时为了能顺利摘到果实，我会用倒吊的姿势，穿梭在树丛间。

因为体形比较大，我在树上活动的时候都特别小心，嘶哑的吼叫声有时候会把小朋友吓到！我和其他狐猴不同的地方在于，我的颈部有腺体，而且有三对乳房。我属于树栖型的白颈狐猴，在人工圈养的环境下，寿命约三十六岁。目前是濒临绝种的保护类动物。

松鼠猴

我 是来自哥伦比亚、秘鲁以及巴西安地斯山地的松鼠猴。

个头娇小，即使成年了身高也不过26厘米～36厘米，不过我的尾巴大约35厘米～42厘米长，个子虽小，却都有双漂亮的大眼睛，拇指比较短，尾巴末端毛发略为蓬松。体重约0.75公斤～1.1公斤。我不是松鼠，是一种和松鼠差不多大小的猴子，最喜欢白天成群结队在树木顶层攀爬、跳跃。

我以水果、草莓、坚果、花、花苞、种子、昆虫及小型脊椎动物为主食。我们是日行性动物，也是叫声变化最多的灵长类动物之一，欢迎、警戒、交配、攻击或感到痛苦时，会发出不同的声音。

我身手敏捷，吃饭的速度也很快，通常一餐饭不超过十五分钟的时间，就已经吃饱了。因为生性温和不会攻击人类，小朋友特别喜欢跟我亲近。

还有人用大自然的精灵来形容我，这个称呼听起来还挺迷人的呢！

刚出生的小猴子体重只有 100 克左右，一般猕猴科的小猴子都会紧紧抱住妈妈的腹部，只有小松鼠猴是一出生就紧紧地攀爬在妈妈的背上。寿命约九年至二十年。

白额卷尾猴

我是生长在哥伦比亚、秘鲁、巴西等南美洲热带雨林的白额卷尾猴，看名字就知道我有长长的卷尾巴。

成年体长约 32 厘米 ~ 56 厘米，尾巴 38 厘米 ~ 56 厘米，体重约 1.1 公斤 ~ 3.3 公斤。脸部皮肤是桃红色的，眼睛周围和额头有一圈白色的短毛，仔细看，我们都很可爱喔！

　　我属于松鼠猴的一种，也是叫声变化最多的灵长类动物之一，白天活动，平常以水果、草莓、坚果、花、花苞、种子、昆虫及小型脊椎动物为主食。大量的林木砍伐，让我的生活空间越来越小，我是群居动物，很需要人类多付出些关怀，才能快乐地生活下去。

金刚猩猩

我是来自非洲中西部的金刚猩猩，也有人叫我西部大猩猩。人类开始注意和认识我，是在电影《金刚》上映之后。

观众看到电影里的我，只会记得生气时的捶胸吼叫，警告入侵者。其实小时候捶胸是代表满足的意思。我的个性温和，并且很重视家庭生活。

我小时候最怕豹，只要稍不注意就可能会被当作野餐吃掉。长大之后，害怕人类破坏我的生存环境，还有猎杀我和亲友们。其实我也会使用工具，像是利用树枝来探测水深，应该算是有点聪明的动物。

别名 银背（背上有着象征年长的银白长毛）

金刚猩猩的身高约165厘米～175厘米，体重约140公斤～200公斤，不过成年雌猩猩的体形只有银背金刚猩猩的一半，约140厘米高、100公斤重。

因为环境的变化加上猎杀，我的族群已经被列为极危物种，濒临灭绝。

黑猩猩

我是来自非洲西部和中部的黑猩猩，是猩猩科中体形最小的。

体长约 70 厘米 ~ 92 厘米，站起来有 100 厘米 ~ 170 厘米高，雄性体重约 56 公斤 ~ 80 公斤，雌性约 45 公斤 ~ 68 公斤，平均寿命四十岁。身体的毛比较短、黑色，脸部颜色较浅，耳朵比较大，也会用两只脚走路。

科学家研究过后发现，我的智商相当于人类五岁至七岁，能辨别不同颜色和发出三十二种不同意义的叫声。有情绪、有快乐、难过、恐惧等反应。据说我和人类的基因有九成以上是一样的。

据说我们和人类的基因
有九成以上是一样的。

我最喜欢吃水果、树叶、花朵、种子、草茎和树皮，有时候也吃昆虫和鸟卵，或猎食一些哺乳动物。我会用沾满口水的细树枝来黏蚂蚁，利用两块石器敲开果实来吃。我有午休的习惯，通常在十二岁的时候成家生子，怀孕期八至九个月，每胎生一子。

我的英文俗名 Chimpanzee，非洲土语是"小精灵"的意思，因为人类猎杀和砍伐森林，生存受到威胁，是需要被保护濒临绝种的动物。

红毛猩猩

我们是来自印尼与马来西亚、苏门答腊热带雨林的红毛猩猩，是全球四种巨猿中唯一的红毛（其他的毛发都是黑色）。

我们站起来的高度约 150 厘米 ~ 200 厘米，雌猩猩体重 55 公斤 ~ 65 公斤，雄性 90 公斤 ~ 144 公斤，血型几乎都是 B 型。平均寿命约三十年，是一夫多妻制。我们喜欢吃果实、树叶、竹笋等，也吃昆虫、小型脊椎动物、鸟蛋，其中特别喜欢吃榴莲。

我们活动范围大多在热带雨林及湿地地区，会在树上用树枝铺成简单的床铺，这样的小床只使用一次。行动缓慢，每天最多移动一公里，我们和活泼敏捷的黑猩猩一点也不像。我们平常不太爱发出声音，尤其是成年的雄猩猩常静坐不动，猛看像个大哲学家，马来人因此称呼我们为"森林的人"。

母猩猩一生最多只能生产三次，通常由她单独将小猩猩抚养长大，在抚养幼崽期间，不再和其他公猩猩交配。小猩猩会在五至七岁后脱离母亲，独立自主。

由于母红毛猩猩非常尽责地照顾小猩猩，狩猎者为了捕捉小红毛猩猩，通常需先杀死母猩猩，这种行为真的很可恶！目前我们的族群已濒临绝种，希望大家能多爱我们一点点。

东非狒狒

我们是来自马里、伊索比亚、坦桑尼亚北部的东非狒狒，脸部黑色无毛，因毛色橄榄绿，也被称为绿狒狒或者橄榄狒狒。

主食是水果、种子、叶子、草，小虫、鸟、鼠、蛋，是日行性动物。身高 50.8 厘米 ~ 114 厘米，尾巴长约 45 厘米 ~ 71 厘米，雌性体重约 12 公斤 ~ 28 公斤，雄性重约 24 公斤 ~ 45 公斤。平均寿命二十五岁至三十岁。与人类的生活作息接近，生活在草原、草地或是大片的林地，我们也会爬树，与非洲当地的人们生活的区域接近，因为我们会偷吃他们的农作物，因此农民不喜欢我们，常常会用枪射杀我们。

我们的天敌还有狮子、猎豹等肉食性动物，在猴科动物中体形算是较大，且强壮凶悍，一般动物都不敢与我们为敌。

我们的数量在非洲颇多，分布也十分广泛，因为天敌太多，凡事都得很小心，是珍贵稀有保护类野生动物。

大长臂猿

我是来自马来西亚、苏门答腊的雨林及密林中的大长臂猿。

个子不高，约 80 厘米 ~ 100 厘米，但双臂展开可达 150 厘米 ~ 180 厘米。拇指和食指密合在一起，也有人称我为合趾猿。

喉部长有喉囊，也称音囊，喊叫的时候，喉囊会胀大，使声音变得极为嘹亮。我是哺乳动物中的歌唱家，特别喜欢鸣叫。体形是长臂猿当中最大，生活起居大多在树上，每一次腾空移动的距离将近三米。以水果、树叶、小型鸟类等为主食。平均寿命约三十年至四十年。

台北市动物园积极参与动物保护，与众多家动物园等单位都有动物保护繁殖合作计划。2012 年 10 月 28 日将园内十一岁的雌大长臂猿大莉，送到六福村与和三十多岁的水手做伴。2013 年 7 月 20 日大莉顺利生下一只小长臂猿，取名卜派。

我们不管男女都喜欢唱歌，只要男生开口唱，女生就会和音，我们的声音清晰而高亢，几公里之外都能听到。

　　这是互相联系、表达情感的方式，也是防止入侵的提醒。我们很重感情，只要群体中有受伤、生病或死亡者时，就不再歌唱和嬉闹。还有我们是一夫一妻制，家庭观念很重。

白手长臂猿

我们是来自缅甸、印尼、马来西亚、泰国、苏门达腊岛和中国云南的白手长臂猿。

毛发浓密，由黑、黄褐、棕至浅黄皆有，都有一双白色手掌，而且脸上有一圈白色的毛环。

喜欢吃水果、叶子、昆虫、花、嫩茎、芽、种子等，白天出门，属于树栖动物，因为走在平地的时候，双臂过长须将手举高，显得很笨拙。一夫一妻制，以一个家庭为单位生活，这点和人类的家庭很相似。成年体长 44 厘米 ~ 64 厘米，雌长臂猿体重 4 公斤 ~ 8 公斤，雄性约 5.3 公斤 ~ 9.6 公斤。平均寿命二十五年至四十年。

我们夫妻双方，每天会花15分钟来互相清洁对方的身体。在树与树之间摆荡跳跃，也难不倒我们。

　　因为不会游泳，所以我们很怕水。我们也是濒临绝种保护类野生动物。

驯良的生命

Part
5

单峰骆驼

我是来自非洲北部（伊索比亚、索马利亚）、亚洲西部的单峰骆驼，目前只有澳洲和美国的单峰骆驼族群才是野生的。

有人称我为阿拉伯骆驼，我的驼峰主要贮存脂肪，在没有水和食物的情况下，分解驼峰里的脂肪，来供给身体的养分和水分。我们走在沙漠中不会陷入沙中，是因为脚底有很厚的肉垫，不怕烫。我们的眼皮有两层，一层是半透明，在风沙大时关上还可以看到路。鼻孔可自动合上，耳朵里有长毛，这都是为了方便在沙漠中旅行。我们可以十五天不吃东西，在沙漠中以载人为主要工作。

为了储水我可以一次喝下 100 升的水，骑坐时能保持每小时 13 公里～16 公里的速度，行走约 18 个小时。体长 300 厘米～330 厘米，身高 195 厘米～200 厘米，平均寿命约二十五年。

双峰骆驼

我 是主要栖息于中亚的
双峰骆驼。

我的身高超过 200 厘米（最高点驼峰的高度），体重超过 725 公斤。主要以草、树叶和谷物为食。一次最多可以喝下 120 升的水，身体特征非常适应于干燥炎热的沙漠气候。

我们通常喜欢小群体的生活。眼睛上长着保护性的睫毛；鼻孔像裂缝，有沙尘暴的时候就会关闭。从鼻孔的上唇有一条凹槽，可以把呼吸时产生的水气收集起来，这样就能随处存储液体。

我已被列为极度濒危的动物。

长颈鹿

我是来自非洲、苏丹、肯尼亚、索马里、坦桑尼亚和赞比亚等国的长颈鹿。另有一说，我们的祖籍在亚洲。在日语及韩语的翻译当中，被称为是中国的神兽麒麟。

我们是世界上最高的动物，身高约 480 厘米 ~ 550 厘米，体重约 750 公斤 ~ 1150 公斤。因为个子够高，我们可以吃到离地五、六米高的树叶，一天可以吃掉 30 公斤的树叶。

不过，喝水对我们而言却是件很不容易的事。我们必须撑开左右前脚，然后弯曲张开前脚才能喝到水（样子有点滑稽），还好我们的舌头有 45 厘米长，嘴唇上的皮肤也很厚，除了看起来性感，最主要的功能是可以防止被树上的植物刺伤。

别名 麒麟

你知道吗，因为个子太高，坐下来再站起来会很不方便，所以我们通常是站着睡觉。就连生产时也是站着，宝宝从两米的高度掉落到地上，头部先出来，以跳水般的姿势来到这个世界。

2013 年台北市动物园的长颈鹿妈妈（24 岁）才生下一女，成为园内的高龄产妇。平均寿命约二十年至三十年。

格利威斑马

我是来自伊索比亚东部、南部、索马里、肯尼亚北部的格利威斑马。

草、嫩叶、树皮及果实，都是我们的主食，也可以吃下非常坚韧的草。

全身包含四肢都是黑白相间的细密条纹，腹部白色。大多数人对斑马的印象就是来自于我，我在同类中是体形最大、最漂亮的。体长 250 厘米 ~ 300 厘米，尾长 38 厘米 ~ 60 厘米，体重 352 公斤 ~ 450 公斤，雄雌体形相似。

我美丽的斑纹，至今仍没有一个绝对明确的答案，用来说明黑白斑纹存在的真正理由。模糊敌人的视线（在阳光下让狮子看不清楚）、散热、不受蚊虫叮咬、体表温度与草原空气间的对流有关系。都有可能吧！

拥有自己的领土，就会使雄性格利威斑马非常开心，反而不是太在意是否有成群的雌马跟在身边。在非洲草原上，我是肉食性动物觊觎的美食，所以生活中处处要小心，尤其在喝水的时候，随时要观察身边是否有狮子、鬣狗群出现，确认没有危险后才能安心喝水。我们最长可以忍受三天到五天不喝水。

因为人类与环境的因素，目前仅存的三种斑马，分别是查普曼斑马、格利威斑马和山斑马。

查普曼斑马

我们是来自伊索比亚南部、安哥拉中部、南非东部的查普曼斑马，和格利威斑马是非常好的朋友。

在非洲大草原上，只要是大迁移的时候都一起行动，把小斑马围在中间，互相有个照应。虽然我们生活在一起，但是从来没有杂交的情形发生，是典型的素食主义者。

体长217厘米～246厘米，尾长45厘米～56厘米，肩高110厘米～145厘米，体重175公斤～385公斤。我们是一夫多妻制，通常由一只雄查普曼斑马、四到六只雌马及他们的子女组成一个家庭。雄斑马衰老后会自动离开，由强壮年轻的雄斑马取代原来的位置。刚出生的小斑马一小时后就会跑步喔！

在非洲草原上我们跟长颈鹿、羚羊、鸵鸟是好朋友。长颈鹿个儿高，我们嗅觉好，大家可以守望相助。身上的斑纹较格利威斑马宽，在两条黑纹之间，有浅褐色条纹。

哈特曼山斑马

我们是来自于安哥拉西南部、纳米比亚西部的哈特曼山斑马，又名哈氏山斑马或山斑马。

习惯栖息在安哥拉西南部山区的草原，以草及嫩叶为主食，属于日行性动物。

我和查普曼斑马在生活形态上较为接近，通常由一只雄马、六只左右的雌马及它们的子女共同组成一个小群体。我们最容易辨认的地方是在屁屁上，因为我身上的黑白条纹很均匀，到了屁股的部位纹路就变成特别宽。耳朵狭长约20厘米，体长约210厘米~260厘米，尾长40厘米~55厘米，肩高116厘米~140厘米，重量240公斤~372公斤。山斑马是斑马中体形最小的一种。

由于遭到过度捕猎，我们的数量急剧减少，如今已是珍贵稀有的保护类野生动物。

羊驼

我们是来自南美洲秘鲁、智利高原上的羊驼，有人叫我草泥马，不管叫什么，我都是羊毛市场中最高级的羊毛来源，真正的外号叫"软黄金"。

澳大利亚与新西兰知道我们身上的皮毛是最顶级的，好多年前就开始从秘鲁、智利引进我们，经营羊驼的市场。由于我们身上的毛不吸水，既软又保暖，加上好保养，很多人都希望能够拥有一件我们的皮毛。

我们喜欢栖息在海拔 1500 米～4500 米处，成年体重约 70 公斤～90 公斤。彼此之间以耳朵和尾巴摇动等肢体语言作为沟通，平均寿命约十五年至二十年。

骆马

很 多人分不出来和我一样来自南美洲的羊驼，但当我们站在一起的时候就很容易分辨，因为我比羊驼高、腿长、脖子也长。

体长约 160 厘米 ~ 190 厘米，肩高 70 厘米 ~ 110 厘米，重量 120 公斤 ~ 200 公斤。

如果你愿意靠近我，可以用手感来区分我和羊驼的不同。我的毛很粗很长，弹性差；羊驼的毛又软又细，而且不会沾尘。下次来到台北市动物园，记得试着用手来摸摸我和羊驼有什么不同吧！

我们生活在秘鲁、阿根廷、智利的安第斯山区，在海拔 3500 米 ~ 5750 米高草原上，在海拔 4500 米的地方奔跑，时速 47 公里，因此我们被用来在高山上帮忙运货物。我们的视觉超好，嗅觉最差，不过姿态优雅，平均寿命约十五年至二十年。

别名 **无峰驼**

迷你马

我们是来自苏格兰和威尔七的迷你马。

和一般的马同科，只是品种不同，个子娇小些，基本上我们的习性都很相像，既是日行性动物，也是素食者。喜欢吃草和嫩树叶。

我们的祖先因为生活在贫脊的山区及水草有限的沙漠，在恶劣的环境下使我们先天发育不良，加上近亲交配，以至于一直维持这种迷你身材。成年体长约150厘米，尾长约45厘米，肩高115厘米以下，体重100公斤以下。

别名 驮马

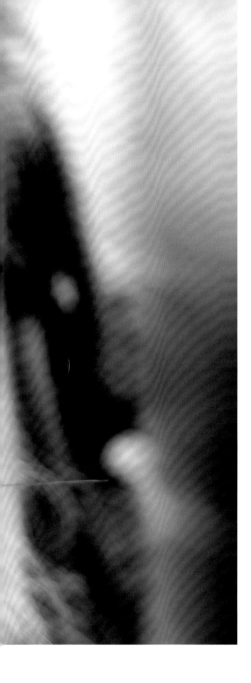

平均寿命约二十年至二十五年，比一般马儿三十年至四十五年短。由于个子较小，我们是小朋友学习骑马时的最佳选择。有些欧美国家利用我们来驮货或运送牛奶，因此迷你马也有驮马的称呼。

平常个性温和，也有心情不好的时候，如果你看到我的耳朵向后不动，代表我正在生气，耳朵贴紧表示一定会咬人，要小心！

蒙古野马

我们是来自蒙古国西南部、中国新疆的戈壁沙漠及阿尔泰山一带的蒙古野马。

鬃毛短而直立，体形不大，却可以每小时跑 60 公里。耐寒耐热，甚至三至四天不喝水都不成问题。想当年成吉思汗能够远征欧洲，我们也算是功臣呢！

成年体长 220 厘米 ~ 260 厘米，体重 200 公斤 ~ 300 公斤。头部稍大、颈部粗壮、四肢较短，毛发夏季短呈暗褐色，冬季长颜色较淡。我们喜欢吃草、矮小树丛的树叶，平均寿命约二十五年至三十五年。

别名 **普氏野马**

蒙古野马是目前世界上唯一仅存的野马，十八世纪时足迹遍布欧亚大陆，十九世纪中期野马已将近绝迹。1992 年开始，荷兰政府资助蒙古国实施野马回归计划，野马数量明显增加，目前已达 450 匹左右。蒙古野马天性敏感，是动物园内最难接触的动物之一。

为了保有优良品质，通常一个野马家庭中的小母马满三岁后，父亲就会将它赶出去，让它到别的家庭生活，这样可避免近亲繁殖。

黄牛

我是来自中国大陆的黄牛，从隋、唐时期自中国大陆内地与沿海迁移入台湾，不过目前在国内真正的黄牛已经非常稀少。

我的颜色并不限于黄色，也有黑色、白色，只是黄色比例较高。

约在三百年前被大量引进台湾，当时多为农村耕种，直到1971年台湾农村机械化，改变了我们的一生。当我们不再被需要的时候，就被沦为肉牛来饲养。

体长约113厘米～120厘米，体重约250公斤～520公斤。雄黄牛肩峰比母牛发达，性情温驯，容易管理且耐热，易饲养。二十多年前，畜产试验所开始做纯种台湾黄牛的培育，在垦丁附近的草原上，如今可见成群的黄年在那里自在的游走。很多人可能不知道，它们都是在台湾已经找不到的纯种黄牛。

奔驰的疾风

伊兰羚羊

我们是来自东非、南部非洲大草原及平原的伊兰羚羊。

雄性与雌性羚羊的头上都有螺旋形长角，雌羚羊的角较为细长。成年后雌羊重 300 公斤～600 公斤，体长 200 厘米～280 厘米，公羊重 400 公斤～1000 公斤，体长 240 厘米～345 厘米，尾巴长约 50 厘米～90 厘米，角长 65 厘米。因为是羚羊中体形最大的，所以也有人称我们为巨羚。

伊兰羚羊虽然看起来有点笨重，但跑起来时速可达 60 公里～70 公里，遇到危险的时候也能跳跃过 2 米以上的障碍物。喜欢吃树叶及多汁的果实，也会吃草及树根。我们习惯白天活动，但天气太热的时候会躲在阴凉处休息。狮子、非洲猎豹及野犬是主要天敌，平均寿命约二十年。

由于我们的体形庞大，性情温驯，有些地方会把我们当家畜来饲养。我们是非保护类野生动物。

弓角羚羊

我 是来自撒哈拉沙漠地区、马里、乍德、埃及以及苏丹的弓角羚羊。

因为生长在沙漠地区，我几乎一生都不喝水，从植物摄取水分。喜欢吃草，也会吃树叶及树根。成年体长 150 厘米 ~ 170 厘米，尾长 25 厘米 ~ 35 厘米，肩高 95 厘米 ~ 115 厘米，体重 60 公斤 ~ 125 公斤。角长 76 厘米 ~ 89 厘米。平均寿命约为二十年。

我的蹄呈扇形，适合在沙漠中行走，由于撒哈拉植物不足，我必须经常旅行千里觅食，通常会以五至二十只为一群，由年长的公羚羊带领。我们喜欢过群体生活，通常黄昏及白天活动。

　　据统计，野外的弓角羚羊 500 只，人工圈养的数量约 500
只，目前台北市动物园共有 21 只弓角羚羊，是濒临绝种的保护
类野生动物。

斑哥羚羊

我 是来自非洲中西部森林地区的斑哥羚羊，是生活在森林里的羚羊中体形最大的一种。

生性害羞，警觉性很高，有对大耳朵让听觉更灵敏。全身暗褐色，体侧有 10 条 ~ 16 条白色垂直条纹，雄羚羊在年老时体色会逐渐变深。

成年体长约 170 厘米 ~ 250 厘米，雌性体重 210 公斤 ~ 235 公斤、雄性体重 240 公斤 ~ 405 公斤，肩高 110 厘米 ~ 130 厘米，尾长 45 厘米 ~ 65 厘米，雌、雄头上均有长螺旋形的角，角的表面光滑，长度平均为 83 厘米，最长可达 100 厘米。平均寿命约二十年。

我喜欢吃草、嫩芽、树叶、水果，也会用后脚站立，将前脚搭在树干上可以吃到 2.5 米高的树叶。个性非常害羞，喜欢在浓密的森林穿梭，我也喜欢在泥浆里打滚，然后在树干上把泥巴擦掉。

我生性害羞，受到惊吓的时候会把角向后倚靠在背上，避免被树枝缠住。所以，比较老的斑哥羚羊的背上还会有角依靠的印子，角的前方还会有与树枝摩擦过后的痕迹。

属于保护类的动物。

东非剑羚

我们是来自伊索比亚、索马里、纳米比亚等非洲东南部的东非剑羚，也有人叫我们直角剑羚或东非长角羚。

成年体长约 153 厘米 ~ 235 厘米，尾巴长 45 厘米 ~ 90 厘米，肩高 90 厘米 ~ 140 厘米，角长 60 厘米 ~ 85 厘米，体重 100 公斤 ~ 210 公斤。我们主要吃草、叶子和嫩芽，雌、雄都有笔直的角，角长约 75 厘米 ~ 80 厘米，雌性的角比较细长。

别名 **直角剑羚、东非长角羚**

我们的身上都有一圈明显的黑线，区隔开腹部（白色）与背部（金黄色），头部与颈部之间、沿鼻子、由眼睛、口到前额有黑色斑纹。平常一大早就出门觅食直到上午十点，然后休息到下午二点至三点再继续觅食到傍晚。我们的视力很好，有时候会在树下挖个浅坑，在里面休息睡觉。非保护类野生动物。

北非鬃羊

我们是来自北非大西洋岸至红海海岸间沙漠干燥多岩石之地的北非鬃羊。

雌、雄体形差异很大，成年雄性体重 100 公斤 ~ 145 公斤、雌性 40 公斤 ~ 55 公斤，体长 130 厘米 ~ 165 厘米，肩高 75 厘米 ~ 112 厘米，尾长 15 厘米 ~ 25 厘米。雌、雄均有角，雄羊角较大，长达 84 厘米。

别名 **大角羊、胸鬃山羊**

因为在喉、胸及前腿上有着长而柔软的鬃毛，因此也叫胸鬃山羊。我们以沙漠边缘地区的杂草、矮灌木等为食。雄性的角向外长到一定长度以后再向内偏转，所以我们的角是最漂亮的卷曲状。不过这对美丽的角需要好好保护，如果因为打斗而折断，就不会再长出来了。

我们喜欢在崎岖的岩石上跳跃觅食，因为毛色与岩石相近，当遇到危险时只要站立不动，敌人就不易发觉。平均寿命约十五年。

台湾梅花鹿

我们是来自台湾地区海拔 200 米 ~ 3000 米树林或平原中的台湾梅花鹿。

　　夏季的时候全身的毛变成红棕色，背部有白色斑点，看起来就像背上点缀梅花一般美丽。斑点全年可见，非常漂亮。成年体长约 150 厘米、身高约 83 厘米 ~ 90 厘米、雄鹿体重约 60 公斤，母鹿体重约 40 公斤，平均寿命约十五年至二十年。

　　雄性从二岁以后便开始长角，雌性则无角。很久以前我们的族群在台湾的野地，几乎随处可见。受到荷兰人在台湾那些年的大量滥捕，曾经在一年内输出十万张鹿皮，加上我们从头到脚都被视为极具商业价值（鹿皮、鹿茸、角、筋、血、胆、髓还有肉）。

　　在不断的猎捕之下，终于在 1969 年被认定野外的台湾梅花鹿已绝迹了。

　　二十多年前，行政部门开始在垦丁国家公园及绿岛进行人工复育与野放计划，结果相当成功，经过多次野放及定期调查，垦丁国家公园野生梅花鹿总数已超过两百只，且持续上升。

　　我们喜欢吃草、树叶、嫩芽、树皮、苔藓等，黄昏和清晨时是最佳外出活动时间。

山羌

我是来自中国大陆南部、台湾地区的山羌，是台湾三种鹿科动物（水鹿、梅花鹿、山羌）中，体形最小的。雄山羌有短角，雌山羌仅额头隆起，从外观上可以很容易分辨性别。

喜欢吃嫩叶、嫩芽、灌木、蕨类植物，成年体长约40厘米～70厘米，尾长4.5厘米～10厘米，体重6公斤～12公斤。雄山羌的上犬齿发达，经常会为了争取雌山羌的青睐而互相咬扯，把对方打伤。

别名 羌仔、鹿、麂子、黄麂

　　我们习惯独居，通常一只雄性的领域中有三只到四只雌山羌，组成家庭。每胎生一只，全年都能繁殖。雄山羌全年都有成熟的精子，不似其他鹿种在茸角生长期间，无法制造精子。

　　我们的繁殖没有季节性，但过度的猎杀，已经让我们的族群成为珍贵稀有的野生动物。

　　在全岛低海拔至3000米海拔森林、阔叶林与针叶林混生区和水源区，都可以看到我们的身影。我们生性胆小，动作灵敏，通常只在清晨与黄昏、夜晚出来行动觅食。叫声有些像狗叫。

我家住在动物园

下

林俪芳 ◎ 著

金城出版社

GOLD WALL PRESS

目录

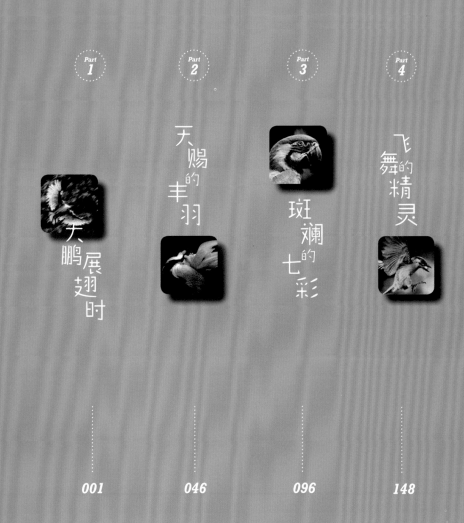

大鹏展翅时

大冠鹫

我是来自中国大陆南部、中南半岛、印度、马来西亚及印尼的大冠鹫。

喜欢筑巢在森林近水边的树冠上，一巢只生一个蛋。

以爬虫类、蜥蜴、蛇、小型鸟类、鼠类为主食，最爱吃蛇。成年大冠鹫体长约55厘米～75厘米，翼展150厘米～169厘米。成鸟背面和后颈为黑褐色，胸部、腹部和翼下面为淡褐色，胸腹有白色斑点，在高空翱翔时，从地面仰望，可以看到翼下有一条白色条纹，从白色的纹路形状可以分辨年纪大小。

别名 **蛇雕、蛇鹰**

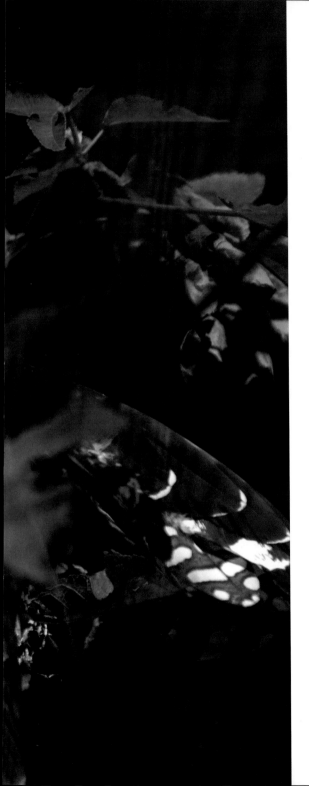

　　如果你看到我的存在，代表着生态系统中拥有充沛的食物来源，代表着这附近拥有完整健全的自然环境。我在飞行时，很少拍动翅膀，而是依赖热气流作缓慢而长时间的盘旋，喜欢在飞行时发出长鸣。通常都是早上九十点，太阳完全升起时，阳光照射大地产生了空气的热对流，我才好飞出门。

　　生活在海拔 200 米～1800 米的阔叶林中，由于台湾的林地大量减少，如今我们的生存空间越来越小，目前已是珍贵稀有保护类野生动物。

熊鹰

我 是来自印度、中南半岛、中国与日本的熊鹰。虽然不是台湾省展翼最大的猛禽，却是体重最重的。

中小型哺乳类、山羌幼仔、黄喉貂都是我们的猎物，最喜欢吃新鲜肉类。成年体长约 70 厘米 ~ 80 厘米，展翼可达 167 厘米 ~ 180 厘米，尾长约 32.5 厘米 ~ 39.5 厘米。雌性体形比雄性大 2 ~ 3 成，雌性体重约 2.5 公斤 ~ 3 公斤，雄性约在 2 公斤左右，是台湾最大型的猛禽。

我们栖息在海拔 800 米 ~ 2500 米的山区原始森林中，明显的外型特征是头顶后方的冠羽，雌、雄体色相近。是台湾体形最大的居住性猛禽，腿爪将近成人手臂粗细大小。由于栖地逐渐减少，加上熊鹰羽毛在原住民传统是头目头饰的主要装饰羽，造成原住民争相以拥有熊鹰羽头饰为荣，这已成为严重威胁我们生存的主要原因之一。

目前熊鹰被列为台湾保护等级第一级的"濒临绝种"野生动物。全台湾估计不超过 250 只。

以前在鹰羽黑市，一对鹰羽价值新台币三万多元（大约 6000 元人民币）。过去十年之中，每年被捕获 20 只 ~ 50 只。

别名 **赫氏角鹰**

黄鱼鸮

我是来自喜马拉雅山脉、中国南部及中南半岛的黄鱼鸮，也是台湾省体形最大的猫头鹰。

在台湾，我们喜欢栖息在中低海拔（1000 米以内）的山区溪流附近，居住在溪流两岸的阔叶林中（雪霸国家公园、太鲁阁国家公园及玉山国家公园），以鱼类、小型哺乳类、鸟类、蛇类、蜥蜴、蛙类和各种甲壳类动物为主食。

精神好的时候，你们可以看见我向上倾斜 45 度的蓬松耳羽，金黄色夹杂黑色纹路，好看极了！成年黄鱼鸮体长约 55 厘米 ~ 60 厘米，尾羽约 22 厘米。

我和一般猫头鹰不一样，可以同时在白天与夜晚活动，傍晚至夜间外出觅食。我也是台湾唯一亲水性的鸮类，脚趾底部有角质突起，有利于在水中行动与捕鱼。

因为溪流生态系统的污染与破坏，严重影响到我们的生存条件，如今我被认定为珍贵稀有保护类野生动物。

别名 大耳朵、鱼木兔

草鸮

我是来自东南亚、澳洲、中国安徽、浙江、江西、湖南、福建、广东、广西、贵州、云南、台湾等地的草鸮。由于脸部像切开的苹果，因此也叫苹果鸟。

很多人对我们的认识是来自电影《哈利波特》，电影里的我们是既聪明又可爱的神秘邮差，在现实生活里，全台湾仅剩下不到五十只。我们最大的特色是有张苹果脸（面部颜色较白），腹部淡黄褐色，双眼又大又圆，非常可爱。

别名 **苹果鸟、猴面鹰**

　　喜欢栖息在海拔500米以下的丘陵地区、山坡草地或开阔的草原。2013年11月，台湾南部发现草鸮宝宝，摄影师拍到草鸮爸妈叼着老鼠回巢，小草鸮对着体形跟它相当的老鼠，仅花三分钟就把食物从头到尾吞下肚。

　　成鸟全长约38厘米～42厘米，足强健有力，飞行方式相当特殊，有如直升机般，能以近90度角垂直起飞和降落。除此之外，草鸮宝宝是极少数不会争食的幼鸟，妈妈分给谁吃，其他的幼鸟就在后面安静等候，称得上是长幼有序。

　　目前是濒临绝种的一级保护类野生动物。

黑天鹅

我是来自澳洲东南与西南区域
繁殖的大型水鸟。

　　有时候单独行动，有时则团体行动，从几百只到几千只不
等，人们对我的了解有限，因为我很神秘。成年身长约 110 厘
米～140 厘米，体重 6 公斤～9 公斤。在飞行时，双翼展开可达
160 厘米～200 厘米宽。在天鹅中是颈部最长的一种。

　　我的体形虽大，也能长途飞行，只是在起飞前，需要一段长
距离的水道助跑，加速后才能安全飞上青天。在飞行时或划水
时，会发出响亮的叫声。对人们而言，我具备白天鹅的优雅，还
多了一分神秘高贵的气质。

白鹳

我是来自中欧、南欧、非洲西北部和亚洲西南部的白鹳，是候鸟，冬季迁徙到非洲、印度热带地区、南非的南部。

冬季和春季以植物种子、树叶、草根、苔藓为主食；夏季以鱼类、蛙、鼠、蛇、蜥蜴、蜗牛、软体动物、节肢动物、甲壳动物、环节动物、昆虫和幼虫为主食；秋季吃蝗虫，有时候会吃一些小石子来帮助消化。

白鹳身高 100 厘米～125 厘米，两翼展开宽 155 厘米～210 厘米，体重 2.3 公斤～4.5 公斤。全身羽毛均为白色，喙部和腿部为红色。只要有入侵领地者，我们就会用上下喙急速拍打，发出"嗒嗒嗒"的声响，作为警告。我们在水边捕食的成功率有 65.5%。属于非保护类野生动物。

别名 **送子鸟**

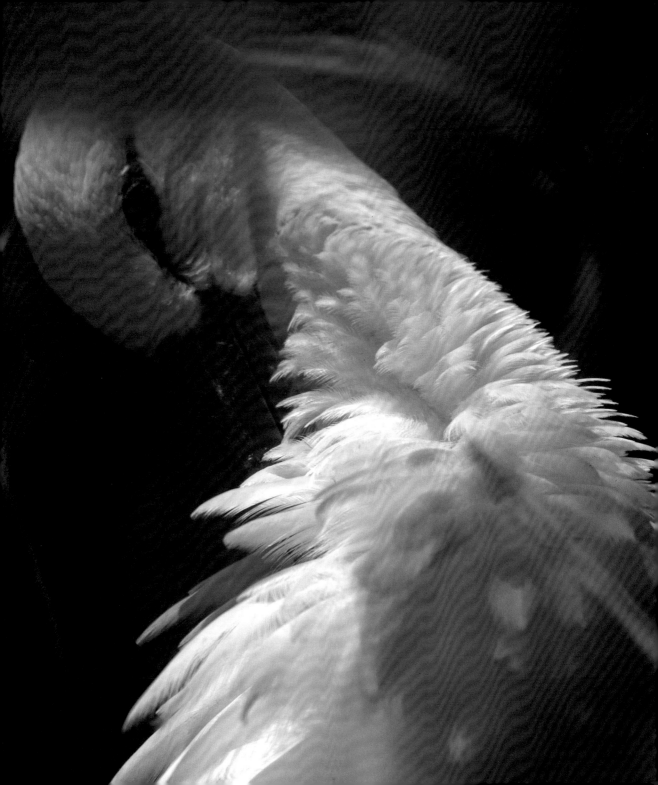

非洲秃鹳

我是来自非洲撒哈拉沙漠以南的非洲秃鹳，喜欢栖息在热带及亚热带的平原以及多沼泽的森林地带。

以鱼、蛙、蟹、甲壳类、蝗虫、蚱蜢、蜥蜴、雏鸟和昆虫等动物为主食，也吃狮子吃剩的动物尸体。

有专家研究发现，我们的头部和颈部没有长羽毛，是因为常吃腐肉，万一羽毛沾到腐尸，对健康有害，所以演变成今日的样子。雌、雄体形相近，雄性较高大些，雌鸟体色偏褐色，喙较小。成年的非洲秃鹳体长约110厘米~150厘米，展翅长约225厘米~320厘米，体重4.5公斤~10公斤。

我们是群居性且有地盘观念的动物，平常不出声，只有在求爱时会用喙发出"咔嗒咔嗒"的声音。在圈养下平均寿命约四十一年。

埃及圣鹮鸟

我是来自东非、伊索比亚、埃及、马达加斯加岛地区的埃及圣鹮鸟，又名神圣朱鹭或埃及圣鹭，因为是埃及国鸟，因此以"埃及"命名。

以鱼虾、昆虫、蜗牛及爬虫类为主食，喜欢成群在沼泽、河口、沙洲、湿地等浅水地带活动。在树上筑巢、繁殖以及照顾幼鸟。

成年体长 65 厘米～89 厘米，高约 61 厘米～76 厘米。展翼宽 110 厘米～124 厘米，平均重约 1.5 公斤。二十多年前，我们原本住在六福村野生动物园，在一个台风夜里有四只同伴逃出去，据估计至今台湾大约有 500 至 600 只野生埃及圣鹮鸟分布在全省各地。

我们目前在埃及的数量已经不多，古埃及人相信智慧和知识的神"Thoth"化身为鸟来到地球，将我们称为圣鸟，在古埃及壁画中都看得到我们的身影。

白鹭鸶

我 是来自非洲、欧洲、亚洲（中国长江以南各地和海南岛）及大洋洲的白鹭鸶，依体形大小可分大中小三种白鹭鸶，我们是小白鹭鸶，全身雪白，只有嘴巴是细长的黑色，脚趾青黄色。中白鹭与大白鹭中嘴巴是黄色，脚趾是黑色，大白鹭颈子更长些。

以鱼类、甲壳动物、蛙类和昆虫为主食。体长约 56 厘米 ~ 61 厘米，展翅长约 98 厘米。繁殖期间头后有二根白色饰羽，长度约 21 厘米，背部有上卷的蓑羽 15 根 ~ 50 根不等。繁殖期过后，即会自动消失。

在繁殖期间会和黄头鹭、夜鹭集体筑巢，在竹林、相思树林、木麻黄林中，成群出现。白鹭鸶是群居性动物，在台湾的湖泊、水稻田附近、溪河边，都有可能看见我们的踪迹。

别名 **小白鹭、白翎鸶**

　　有人说，只要有白鹭鸶出现停留的地方就是福地，那是
因为我们最喜欢在水稻田活动，专门吃有害的昆虫。

黄头鹭

我 是全世界分布最广的鹭科鸟类之一，也是唯一会随着季节而变换颜色的鹭鸶鸟。

冬天全身纯白，在繁殖季节时，头部和颈部会转为橘黄色，嘴和眼由黄转为红色，出现等待爱的颜色。

我们不喜欢到水中去猎捕鱼类，反而喜爱以陆地上的昆虫和其他小动物为主食。特别喜欢和田里的牛群为伍，因为当牛群走过，惊起草中的昆虫时，我们就可以轻松捕捉昆虫填饱肚子。有时候干脆站在牛背上，还可以省下走路的力气，所以人们叫我牛背鹭。体长约 50 厘米。

别名 牛背鹭、白翎鸶

喜欢栖息于平地至低海拔之旱田、沼泽、草原及牧场地带。在台湾是全年可见的鸟类，不过我们每年秋冬季，会从北部往南移居到较温暖的南部过冬，次年春天再回北台湾繁殖。

　　我们可以帮农民吃掉有害的昆虫，每次农民用翻土机松土时，我们就会在一旁等待翻上来的昆虫，然后吃掉。是少数受欢迎不被驱赶的鸟类。在繁殖期会与小白鹭、夜鹭等一起筑巢，共同养育小宝宝。

夜鹭

我是来自欧亚大陆、非洲、美洲大陆及东南亚等地的夜鹭。由于是夜行性动物，又名暗光鸟（闽南语）、夜鹤（客家语）。

我们会把野果扔在水里，然后在岸上等待。发现猎物时迅速的冲入水中，饱餐一顿。聪明吧！

喜欢吃鱼类（被养殖业者视为害鸟）、节肢动物、蛙、水生昆虫和小的哺乳动物。白天在树上休息，夜间捕食，偶尔吃些植物性食物。

雄雌外貌与体形相近，成鸟体长约51厘米～65厘米，头顶至上背为有金属光泽的深蓝灰色，其余部分和双翅为暗灰色，嘴部黑色。头顶生有数根细长的白色蓑羽，随着头部的晃动十分好看。眼睛橙黄色，繁殖期眼睛会变成红色。

别名 暗光鸟、夜鹤

主要分布于海拔 200 米以下的湿地或沼泽地区，繁殖期间脚部略带红色（可能与食虾类有关）。我们在飞行时颈部会形成 S 型（全台湾只有我们和鹈鹕科有这特征）。繁殖期会与小白鹭、黄头鹭集体筑巢。

凤头燕鸥

我们来自太平洋、印度洋沿岸岛屿，嘴部黄色、脚黑色、头顶至后颈黑色（竖起时像朋克头）、头上有羽冠，其余为白色，也叫大凤头燕鸥。是台湾地区夏季海边最常见的鸟类之一。

喜欢在河口沙洲、潮间带或礁岩上出没，习惯在海面上飞翔观察，发现猎物时高速俯冲，仅猎食水表上的鱼类，并不会潜水。

有一种跟我们相似的黑嘴端凤头燕鸥，它的嘴部尖端黑色，体形比我们娇小，听说目前全球仅剩不到百只，是极为可能消失的物种。我们的体长约45厘米，黑嘴端凤头燕鸥约38厘米。

别名 **大凤头燕鸥**

夏天在台湾基隆港、花莲溪口、兰阳溪口、八掌溪口都可看到我们的身影。

在马祖列岛已有人发现我们在那里繁殖的纪录，曾经有人还见到黑嘴端凤头燕鸥出现在我们家族之中。目前是二级保护鸟类。

燕鸥

我们是来自北极及其附近地区、北美洲等的的燕鸥，繁殖区为北极、欧洲、亚洲和北美洲东及中部。

我们是候鸟，冬季会长途飞越到热带及亚热带地区过冬。

主要食物是鱼类、甲壳动物，有时也吃昆虫。我们是体形最大的红嘴巨燕鸥，体长 53 厘米，重约 630 克。我们的身体轻盈，飞行起来线条优雅，而且是少数长飞高手，最高纪录每日平均可飞行 240 公里。

我们很会潜水，也会捕鱼，雄性以送鱼作为求爱的表示。平均寿命二十年至二十八年。

黑面琵鹭

我们是来自韩国、日本、中国大陆、越南等东亚地区的黑面琵鹭，又称小琵鹭、黑面鹭，俗称饭匙鸟，是台湾赏鸟人士口中的黑琵。2012年1月，全球普查约2693只，属于濒临危险物种。

每年十月至次年二月，会到南方气候温暖的地区过冬，台湾是我们每年冬天会到的地方。较活跃于东亚及东南亚地区，主要繁殖于朝鲜半岛。我们的嘴长长的，前端扁平像汤匙，脸和双脚都是黑色，全身白色（夏季胸部及饰羽为黄色），冬天全身雪白，饰羽变短。

体长（嘴尖至尾巴）约74厘米～85厘米，展翼约130厘米～142厘米，体重约12公斤～20.5公斤。喜欢生活在河口、潮池、湿地或潮间带（七股泻湖、鱼塭区、曾文溪口海埔地、咸水沼泽、红树林），我们主要在湿地或鱼塭等浅水域觅食，休息时会互相清理羽毛。

别名 **小琵鹭、黑面鹭、饭匙鸟**

知道我们为什么要单脚站着睡觉吗？

　　一来缩起来的那只脚可以保温，二来可以换脚，比较不会累。至于平衡的问题，我们的关节处有类似锁的功能，完全不用担心平衡问题。

天賜的丰羽

Part
2

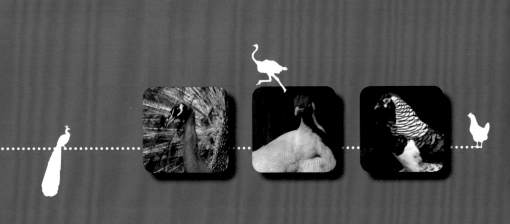

鸸鹋

我 是来自澳洲、塔斯马尼亚岛的鸸鹋。也是目前世界上第二大的鸟类，更是澳大利亚国徽上的动物之一。

有人叫我们澳洲鸵鸟。喜欢吃水果、谷类、花朵、嫩芽、昆虫及小型动物等，有时候会吞细小石头帮助消化。

体形大却不会飞，不过我是游泳健将，可以渡河呢！雌鸟体形比雄鸟略大，成年身高约 150 厘米 ~ 200 厘米，体重约 45 公斤 ~ 60 公斤。每天可走 10 公里 ~ 25 公里，所以每次的迁徙可以走 1000 公里。善长奔跑，最快速度可达每小时 50 公里。野生鸸鹋寿命约十年，人工圈养约二十年。

别名 **澳洲鸵鸟**

雌鸸鹋下蛋后由雄鸸鹋负责孵蛋，大约八周时间孵化，期间靠体内的脂肪生存，每天只喝一点晨露。雏鸟在出生后会跟随父亲两年。雌鸸鹋在这段时间会与其他雄性鸸鹋交配，我们不是一夫一妻制，也非公告保护类野生动物。

蓝孔雀

我是来自印度、孟加拉国、斯里兰卡及喜马拉雅山的蓝孔雀，又叫做印度孔雀。

我也是印度国鸟，全身的羽毛呈蓝色与绿色，虽然来自热带，却很耐寒。以花、果子、青菜、昆虫等为主食，成年体长约75厘米，平均寿命约三十五年。

有人说："孔雀开屏，妻妾成群。"指的就是我们一夫多妻制的习性。雄孔雀在开屏时，会抖动羽翼，当尾羽全部竖起成扇形之后，就在雌鸟面前不停地打转，想尽办法博取异性的注意。雄孔雀要在三岁后才会长出尾羽，它们非常珍惜尾部羽毛，会经常整理，涉水时更是小心翼翼。

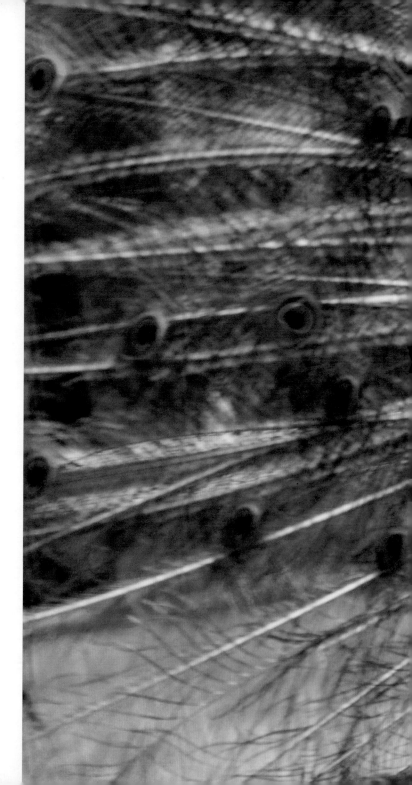

绿孔雀

我是来自爪哇、缅甸及泰国的绿孔雀，也叫做爪哇孔雀。

羽毛是绿色与古铜色，喜欢住热带和亚热带地区，低海拔山区森林、竹林和灌丛。不喜欢太冷的气候。

以蘑菇、嫩草、树叶、白蚁和其他昆虫为主食，成年体长雄鸟约120厘米，尾羽约100厘米，雌鸟110厘米（无尾羽），体重约7公斤~8公斤。通常一只雄鸟有五到六只雌鸟作伴。

动物专家研究，孔雀开屏还有迷惑敌人的作用。尾羽上面超过百个斑眼，可以用来迷惑敌人，趁机落跑。

别名 **爪哇孔雀**

鸵鸟

我是来自非洲的鸵鸟，喜欢住在辽阔的草原、矮灌木丛或撒哈拉以南的非洲大草原，是现今世界上仅存的最大型的鸟类，不过我不会飞，但跑得相当快，奔跑时速约 65 公里。

喜欢吃绿色植物、草莓、种子、落果、叶子、谷类及昆虫，由于我们没有牙齿，有时候要吞一些小石子帮助磨碎胃里的食物。成年公鸵鸟体重约 100 公斤 ~ 156 公斤，身高 210 厘米 ~ 275 厘米，母鸟体重约 90 公斤 ~ 110 公斤，身高 175 厘米 ~ 190 厘米。

因为我们的脖子很长，警觉性高、视力又好，与斑马、羚羊一起在非洲草原上生活时，经常充当警戒员，负责发出警讯。鸵鸟蛋是世界上最大的鸟蛋，但相对鸵鸟的身体而言，比例上是所有鸟中最小的。每个蛋重约 1.2 公斤 ~ 1.6 公斤。鸵鸟的寿命平均为五十年。

白鹇

我是来自中国南部、越南、缅甸与泰国等地的白鹇。

雄鸟上身白色，密布黑纹。羽冠和下体是灰蓝色。尾长，中央尾羽近纯白色，外侧尾羽具黑色波纹，眼睛部分是红色，整体看起来非常美丽。雌鸟全身呈绿褐色，羽冠近黑色，站在雄鸟身边十分逊色。

昆虫的幼虫、种子、果实和嫩叶等，都是我的主食。雄白鹇体长 120 厘米，尾部的长羽有 60 厘米，体重约 2 公斤。雌鸟体形较小，体长约 70 厘米、体重约 1.3 公斤。

我们喜欢栖息在中国南部与东南亚地区的中海拔森林，而且只在晨昏活动。因为我们的优雅外形，经常被写入诗中。宋朝知名文人苏轼："白鹇形似鹄，摇曳尾能长，寂寞怀溪水，低回爱稻梁。"清朝更以白鹇为五品文官的官服图腾。

别名 **银鸡、越禽、白雉**

婆洲赤腰鹇

我是来自泰国库拉海峡之南、马来半岛、苏门答腊及婆罗洲的婆洲赤腰鹇。喜欢吃植物、昆虫、软体动物和蛙类。

白尾婆洲赤腰鹇雄鸡尾羽中有5根~6根较长的白色羽毛，腰部羽毛呈赤褐色，脸部有一个明显的蓝紫色肉翕，就像戴了一个鲜艳的面具，非常漂亮。因此也有人称我们为白尾赤腰鸡或冠羽火背鹇。

一般的雉科鸟类为一夫多妻制，我们婆洲赤腰鹇却是坚守一夫一妻。根据研究资料显示，平均寿命约三十五年至四十五年，相当人类的一半寿命。

别名 白尾赤腰鸡、冠羽火背鹇

蓝腹鹇

我是中国台湾特有的鸟类蓝腹鹇，又名蓝鹇、台湾蓝鹇、华鸡或斯文豪氏鹇，是大型雉类。栖息在海拔 300 米～2800 米间的阔叶林及原始林带。

以植物的嫩芽、果实、浆果、种子、昆虫、蚯蚓为主食，雄性头颈黑色，后颈及颈侧为带金属光泽的深蓝色，羽冠及背部是鲜明白色，下背及尾部有宽阔的、带金属光泽的蓝色羽缘，肩部羽毛鲜红色，非常亮丽。雌性羽色呈褐土黄，且没有长而亮丽的尾羽。

鸟类学家斯文豪在 1862 年 12 月，将猎人送给他的几只活体雄鸟送回英国放养，这是蓝腹鹇的生物学和饲养研究中最早的资料。

别名 台湾山鸡、蓝鹇、华鸡、鹇、台湾蓝鹇、斯文豪氏鹇

　　蓝腹鹇是一夫多妻制，雄鸟的攻击性很强，圈养时仅让一只雄鸟与多只雌鸟同笼，否则会出现攻击事件。

　　我们行动非常谨慎，在野外不容易被发现足迹，全球仅在中国台湾地区还看得到我们。

珠鸡

我们是来自非洲大陆和马达加斯加岛的珠鸡，平常爱讲话，雌、雄都会发出像机关枪扫射般单音节的警戒声。

以地面上的昆虫、种子和块茎植物为主食，体形矮胖，虽然不会飞，但一天可跑 30 公里，以前有人称我们"驼鸡"。成年体长约 50 厘米 ~ 72 厘米，高 40 厘米 ~ 62 厘米，雌、雄体形相近，体重约 2 公斤 ~ 2.8 公斤。

非洲草原区珠鸡虽然通常在清晨和黄昏活动，可是即使是日正当中的正午时分，还是看得到珠鸡们忙着拨土，找一处凉快又舒适的午休地点。

我们的身体黑底白点，颈部宝蓝色，就像全身布满珍珠般美丽，在草原上相当显眼。因为无法飞行，在非洲草原经常成为肉食性动物的佳肴。自从人类知道我们肉质鲜美，肌肉中蛋白质含量高达 20%，脂肪含量低，早就开始大量养殖了。

别名 **珍珠鸡、山鸡、几内亚鸟**

灰野鸡

　　我是来自中国云南、广西、海南南部、印度（包含孟加拉、不丹、锡金、尼泊尔、巴基斯坦、斯里兰卡、马尔地夫等）的灰野鸡。体形与家鸡相似，雄鸡颈部与雌鸡腹部图案与颜色鲜艳，也有长长的尾羽。

　　喜欢吃草地上的昆虫、谷物、嫩草、嫩芽和植物的果实。免疫力比一般家鸡强。成年雄鸡体长约60厘米，雌鸡约45厘米。生活在海拔2000米以下的热带林区、灌树丛中。

　　晨昏时在林区的山坡耕地、圈养的灰野鸡需要放在一起，以增加繁殖的机会。交配的季节里，灰野鸡会变得烦躁不安，多单独活动，也有三五成群，还会结成一、二十只的小群。

　　我们喜欢在晨昏时活动，是一夫多妻制，圈养时可以如此安排以达到增加繁殖的目的。

别名 **灰原鸡**

红原鸡

我是来自中国南部、印度东北部、中南半岛及邻近岛屿的红原鸡，我们是家鸡的直系祖先，可以说家鸡的各品种都是由我们驯化培育而来。

因此红原鸡在各方面都与家鸡最为相似，而且可与家鸡交配生育出具有繁殖力的后代。

主食是植物果实、种子、蚂蚁和蝗虫。雄鸡体长 50 厘米 ~ 71 厘米，雌鸡体长 38 厘米 ~ 46 厘米。雄鸡体重 670 克 ~ 1050 克。雌鸡体重 435 克 ~ 750 克。

雄鸡脸和喉头是深红色，颈羽长且呈橙红色。雌鸡脸和喉头呈浅红色。雄鸡身体羽毛颜色较雌鸡耀眼华丽，体形也较大。

我们喜欢栖息在热带雨林、竹林、灌木丛、草坡等地。因为啼声很像"茶花"，因此云南人也称我们茶花鸡。我们还有一项优点，那就是每天一早的鸣叫，等于最天然的闹钟。

银鸡

我是来自中国西藏、四川、贵州、云南、广西及缅甸的银鸡。颈部的羽毛白底黑纹，尾羽又长又漂亮。求偶时期颜色更是鲜艳迷人。

成年雄银鸡体长47厘米~58厘米，尾长83厘米~115厘米，雌银鸡体长38厘米~40厘米，尾长28厘米~37厘米。体重约625克~850克。我们以嫩叶、竹笋、蜘蛛、小型甲虫、蕨类叶片、草籽、昆虫等为主食。

别名 笋鸡、白腹锦鸡、铜鸡

喜欢栖息在海拔2000米~4000米的
山地，而且不怕冷，我们的性别很容易从外
表一眼认出来，只要是颜色鲜艳、尾巴又
长又炫的都是雄性。目前是非保护类动物。

黄金鸡

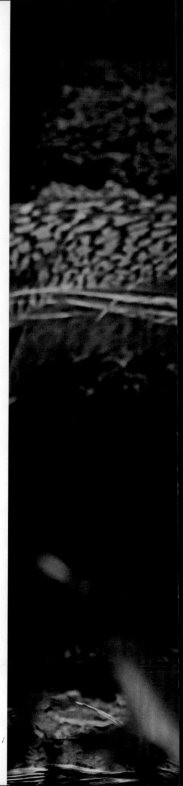

我是来自中国西部地区竹林地、矮灌丛及多岩石山地的黄金鸡，原名黄腹锦鸡，是从金鸡人工培育出来的突变种。

野生的黄金鸡通常栖息在灌丛密生的山地或竹林里，以叶子、竹子的嫩芽、芽鞘和杜鹃的花或蜘蛛及其他各类昆虫为主食。

雄的黄金鸡头顶有金黄色羽毛，腿黄色、眼窝肤色呈金色调、尾羽较尖。四川的黄金鸡羽色斑斓，夹杂艳红的毛色，是最常被当成金鸡报喜的最佳主角。

巴拉望孔雀雉

我是来自巴拉望岛北部、菲律宾群岛西南方的巴拉望孔雀雉。也是灰孔雀雉属中外形最像孔雀的雉。雄雉有直立的冠，身体色泽为金属绿加黑色。

尾羽有蓝绿色的大眼斑点，求爱时展开成扇状，既漂亮又高贵。

昆虫、水果、种子是我们的主食。喜欢成群居住在热带雨林区坡度较缓的山坡中，生性机灵、好动。成年雄雉体长约50厘米（尾羽24厘米～25厘米），体重约436克；成年雌雉体长约40厘米（尾羽16.5厘米～17厘米），体重约322克，属中等身形。

因为持续失去栖息地、加上被捕猎，这个族群已被世界自然保护联盟列为易危动物。圈养的雌雉一年仅生二个蛋，对于我们的繁殖帮助有限。

别名 **尼泊尔孔雀雉**

青鸾

我们是来自婆罗洲、马来西亚、苏门答腊的青鸾。在亚洲有些地区认为我们就是凤凰。身体是褐色，头及颈部是蓝色，上胸红色。

我们的外貌虽然不像其它雉科色彩炫目，我们的求爱方式却相当独特。求爱之前雄鸡会在森林中先清理场地，然后大声啼叫好引来雌鸡。在雌鸡面前张开双翼成扇状，展示双翼上的"眼睛"图腾，跳着特殊舞步来吸引雌鸡。因此被取希腊神话中百眼巨人阿耳戈斯（Argus）为学名。

喜欢单独活动是我们的习惯，特别是雄鸡必须各自分开居住。所有的雉类都在平地筑巢，但我们要在离地 1.5 米以上的树上筑巢，才能放心繁殖下一代。一般人都以为我们是一夫多妻制，其实我们是一夫一妻制的。

别名 百眼雉鸡、大眼斑雉

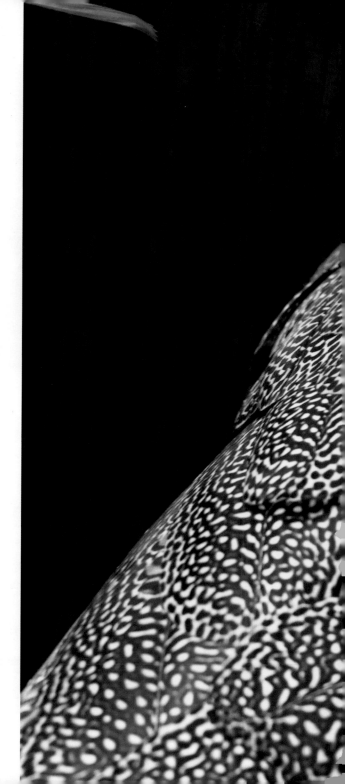

　　雄青鸾是所有雉科中体形最大的，成年体长达 200 厘米，尾羽极长。最特别的是尾部有很大、很宽、很长的次级飞羽，飞羽上有大眼图案。雌青鸾体形较小，体色暗沉，尾羽也较短，眼状纹也较细小。

　　目前是濒危的野生动物。

斑斓的七彩

Part
3

黑颈冠鹤

我是来自非洲大陆撒哈拉沙漠以南地区的黑颈冠鹤，是世界上唯一的高原鹤类，也是少数会飞上枝头栖息的鹤。

草类的种子、嫩芽、昆虫、青蛙、蜥蜴等，是我的主食。成年体长 100 厘米 ~ 120 厘米、体重 3 公斤 ~ 6 公斤、翼展宽 157 厘米 ~ 177 厘米。因为头顶上有金黄色放射状冠羽，而被称为"冠鹤"，也是尼日利亚的国鸟。

我们喜欢生活在湿地及开阔的草原，或海拔 3500 米～ 5000 米高的地方。冠鹤是最古老的鹤类，中国人甚至将鹤视为长寿的象征。其实野生黑颈冠鹤的平均寿命只有三十年，但圈养可达六十年。

根据统计目前黑颈冠鹤全世界只有 5000 多只。

灰颈冠鹤

我 是来自非洲东部和南部的灰颈冠鹤，和黑颈冠鹤是仅有会栖息于树上的鹤类。

成年体长100厘米~127厘米、体重3公斤~6公斤、翼展宽180厘米~200厘米。

以草类的种子、嫩芽、昆虫、青蛙、蜥蜴等为主食，身体的颜色比黑颈冠鹤浅，颈部尤其明显，头上也有金光闪闪的羽冠，两颊的斑纹白色，眼角上方还有粉红斑点，非洲人特别喜欢我们。我是乌干达国鸟。

非洲人喜欢我们的舞姿，也喜欢听我们的鸣叫声，因为我们的叫声时间都在清晨、中午和午夜，是最佳的生物时钟。

别名 东非冠鹤

赤颈鹤

我是来自巴基斯坦及印度北部、尼泊尔、东南亚及澳洲昆士兰的赤颈鹤。

成年体长约 130 厘米～176 厘米，双翼展开长 220 厘米～280 厘米，重 5.2 公斤～12 公斤，是世界上最大的飞鸟类（雄鸟比雌鸟体形大一点）。我喜欢吃蝗虫、水中植物、稻谷、青蛙、种子及草莓。

成年单身公鹤靠跳舞追求另一半，如果母鹤愿意随它一起跳舞，就表示同意跟对方携手一辈子。我们是最忠实于婚姻的动物，只要配成对，永远不分离，即使有第三者想介入，都会被赶走。

我的脾气并不好，也有攻击性，但是在印度我们可是圣鸟呢！

我的头顶上无毛，头部裸露的皮肤可见鲜艳的红色一直衍生到颈部，在繁殖期颜色会更加鲜艳，因此叫赤颈鹤。平均寿命二十五年至三十年。

是属于珍贵稀有保护类野生动物。

垂耳鹤

我是来自非洲，体形最大的鹤类，也是数量最少的一种。

　　我的身体修长，全身白色羽毛，只有脸上靠近喙处呈红色，头顶是鲜艳的紫色。下巴处多出一小块长形的白色小肉块（上有细羽覆盖），也不清楚为什么因为这个长相被称为垂耳鹤。

　　我们喜欢依靠湿地生活，没有迁徙的习性，会在湿地上筑巢。水生植物的块茎、昆虫、蜗牛、青蛙及其他小型脊椎动物，都是我们的主食。体长约175厘米，是仅次于赤颈鹤的第二大鹤。

　　垂耳鹤生性机警，凶猛具有攻击性，在圈养的环境下不易繁殖。

大红鹤

我们是来自非洲、南欧、亚洲西南部、加勒比海地区及加拉巴哥群岛的大红鹤，也叫火烈鸟，生活在咸性泻湖及盐田，西非的沙岸及沙洲。

成年体长120厘米~145厘米，雄红鹤站立高度120厘米~150厘米，展翼宽140厘米~165厘米，重2.1公斤~4.1公斤（雄性较雌性大约20%）。

喜欢吃水生植物的种子、藻类、矽藻及腐叶，也吃小虾、虫、蓝绿藻及蜗牛等。走进台北市动物园首先看到的动物就是大红鹤，红鹤可是一千万年前就已经存在的古老鸟类。

很多小朋友都会问，我们为什么用一只脚站立在水中？

答案是：避免体温流失，而且可以换脚站，比较不会累。我们习惯成群结队外出，如果没有二十只以上一起生活，就会觉得没有安全感。我们是非保护类野生动物。

簑羽鹤

我们是来自亚洲中部的簑羽鹤，也叫闺秀鹤，每年会从中国与蒙古国边境往南迁徙，飞越喜马拉雅山到印度过冬。

成年簑羽鹤身高约85厘米，体长76厘米~80厘米，体形纤细，是世界上十多种鹤类中体形最小的（和身高170厘米的赤颈鹤差一截）。以水生植物及昆虫、鱼为主食，生性害羞，喜独处，举止优雅，因此又名闺秀鹤。

我们因背部有蓝灰色簑羽得名，但最特别的是在眼尾处有一撮细长的白毛，看起来像老公公，很可爱呢！

目前是属于二级保护类动物。

别名 **闺秀鹤**

红鹳鸟

我们是来自南美洲热带及特立尼达岛的红鹳鸟，也是特立尼达岛的国鸟。

主要吃甲壳类及细小的水中动物，也会在沼泽内吃红蟹。喜欢在红树林、河海交界处、潮间带泥地、淡水沼泽活动。

成年后体长56厘米～61厘米，平均体重约650克。雏鸟身体是灰色及白色，在成长时才会出现红色的羽毛。我们会在2米～4.5米高的树上，利用树枝筑城平台形的巢。会与其他的鹳类、鹭鸶一起繁殖，照顾幼鸟。野生红鹳鸟的寿命约十五年，圈养约二十年。

　　2010 年的一份研究报告指出，汞污染可能会影响我们对性别的认同度，当汞污染越高时，同性雄鸟筑巢的比例也会增加。

虹喙巨嘴鸟

我是来自巴西、哥伦比亚、厄瓜多东部、委内瑞拉和秘鲁的虹喙巨嘴鸟，我有一个巨大且颜色鲜艳的喙，脾气不好，会攻击其他鸟类，所以无法和别的鸟类圈养在一起。

以果实、浆果、昆虫、蜘蛛、蛇、蜥蜴、细小的鸟类及鸟蛋为主食，喜欢在热带潮湿森林及喜拉朵河流森林出没。我们可以灵活运用巨喙将果皮除去，只吃果肉。成年体长50厘米~60厘米，体重约600克。喙长14厘米~18厘米。雄鸟体形较雌鸟大，喙也较长。

雄鸟在求偶的时候会拿食物给对方，还会跳舞示好。年老的时候，羽毛颜色会越来越黯淡，巨喙也会出现缺损。平均寿命约十年至十五年。

别名 **红嘴鹦鹉**

大巨嘴鸟

我是来自南美洲委内瑞拉、巴西、阿根廷西北部的大巨嘴鸟，也叫托哥巨嘴鸟或鞭苔巨嘴鸟。

我不是栖息在森林内的鸟类，喜欢在半开放的环境，如林地、大草原等低地处。我可以头下脚上，悬挂在树上休息。巢一般都筑在高树上，也会在树上挖穴。成年体长约55厘米～65厘米，喙长约20厘米，体重约500克～860克。雄鸟体形较雌鸟大。

果实、昆虫、雏鸟及鸟蛋是主食，偶尔会吃细小的鸟类。我们的长喙可以帮助捕捉猎物与采集果实、剥皮，也可以吓走掠食者。巨喙呈金黄色，下部及嘴峰呈红橙色，喙是空心的。

印度大犀鸟

我 是来自中国南部、印度、泰国、印尼、苏门答腊等地的印度大犀鸟，也叫大斑犀鸟。

公鸟和母鸟外形相当接近，公鸟眼球是红色，母鸟眼球是白色，你们可以一眼就分辨出我们的性别。

野果、老鼠、蛙类、蛇、蜥蜴及各种昆虫是我们的主食。吃东西时，会先用嘴将食物往上抛起，再用嘴接住吞下。喙上有个中间略为凹陷，左右略高看似两只角的头盔，也有人称我们为双角犀鸟。是犀鸟科中最大的一种，成年体长为95厘米～130厘米、展翼宽150厘米、体重2.1公斤～4公斤。平均寿命约三十五年至五十年。

繁殖期间，犀鸟会找一个树洞，将雌鸟与幼鸟留在树洞中，雄鸟用泥土将树洞封闭，仅留一个小洞让雄鸟可以将食物带回来喂饱全家。一对犀鸟中如有一只死去，另一只会在忧伤中绝食而亡，因此人们也叫我们钟情鸟。

目前是严重濒危物种。

别名 **大斑犀鸟、双角犀鸟、钟情鸟**

大宝冠鸟

我是来自墨西哥、中美洲、哥伦比亚及厄瓜多尔的大宝冠鸟。

喜欢居住在热带及亚热带低地的浓密雨林中，以无花果、掉落地面的果实和硬的果实、叶子及无脊椎动物、脊椎动物为主食。

成年体长约87厘米～92厘米，体重3.6公斤～4.8公斤，平均寿命约二十四年。嘴上有明显的黄色瘤状物及羽冠。

我们在雨季繁殖，公鸟会负责起喂养幼鸟与雌鸟的责任。通常会将巢筑在离地3米～6米高的树上，巢的结构由枝条组成，巢内衬垫绿叶。一窝只下两个蛋，鸟巢不大。台北市动物园已成功繁殖大宝冠鸟多次。

绿野鸡

我是来自爪哇、印尼及邻近岛屿的绿野鸡，也是目前唯一能飞越开放水域的鸡类。一般的鸡飞不高也飞不远，我不但会飞，还可以飞行超过一公里，堪称是擅长飞行的鸡。

成年的绿野鸡羽毛颜色相当艳丽，在东爪哇被视为吉祥鸟。以种子、叶子、果实、昆虫等为主食，成年体长约 75 厘米，属中型鸟类。喜欢生活在森林或海岸边的平原，在地面活动，晚上飞到树上休息。

野生的雄绿野鸡全身羽色十分鲜艳亮丽，在爪哇常被诱捕当宠物，现正面临野外基因多样性保存的危机。

绿翼红金刚鹦鹉

我们是来自于中美洲、北美与南美之间（洪都拉斯、萨尔瓦多、尼加拉瓜、哥斯达黎加、巴拿马、巴哈马、古巴、海地、牙买加）的绿翼红金刚鹦鹉。

野生的绿翼红金刚鹦鹉是一夫一妻制，人工饲养的则只忠诚于饲主一人。

果实、种子及果仁是我们的主食，不同的季节会寻找不同的补充食品。成年体长约 90 厘米 ~ 95 厘米，展翼约 125 厘米，体重 1050 克 ~ 1700 克。喜欢生活在热带雨林（洗澡、晒太阳），海拔 450 米 ~ 1400 米处。寿命约七十年至八十年。

　　我们的脸部没有羽毛，有些条纹，兴奋的时候会变成红色，像极京剧中的花脸。头部至肩胸是美丽的红色，两翼则是绿蓝相间，尾巴红色。因为比较容易接受训练，和其他种类鹦鹉可以和平相处，有越来越多的人将我们当宠物养在家里。

　　因为我们的寿命很长，想要饲养在家里之前，一定要有跟我们生活到最后的决心才行喔！

蓝黄金刚鹦鹉

我是来自巴拿马东部、巴西、波利维亚、巴拉圭、哥伦比亚、委内瑞拉、阿根廷等地的蓝黄金刚鹦鹉，也叫琉璃金刚鹦鹉。因为外形漂亮，又有良好的语言能力，是相当受欢迎的宠物之一。

以水果、花朵、坚果、棕榈树的果实、种子、嫩芽以及昆虫等为主食。我们还会到河岸边吃点泥土，利用泥土将未熟果实中的毒素排出体外。成年体长约 75 厘米 ~ 84 厘米，尾长 35 厘米 ~ 50 厘米，展翼约 104 厘米 ~ 114 厘米，体重约 900 克 ~ 1300 克。平均寿命约六十年至七十五年。

别名 **琉璃金刚鹦鹉**

我的身体是鲜艳的蓝色，脸部是白色皮肤，从耳朵至胸前、下腹至尾巴，都是鲜艳的黄色，黑色的鸟喙可以咬开很坚硬的果核。许多人都把我当宠物养在家里，千万要记得，你们喜欢的食物中有些对我而言是有害的毒物，如樱桃核、巧克力、咖啡，都不能给我吃！

还有，当我开始咬自己身上的羽毛时，那就是体内缺乏某些营养，如果不是身体上的毛病，那就是心理上感觉不受重视，是忧郁症的反应，你们要多多包容才好。

台湾蓝鹊

我是本地特有的鸟类台湾蓝鹊，在台湾国际观鸟协会网络"国鸟选拔"中，我以49万票胜帝雉称冠。

喜欢栖息于海拔300米~1200米的阔叶林、山地，多在树林及杂草区交会地带筑巢，筑于大树之树梢。在繁殖生育季节，我们有着其他鸟类所没有的优良传统，那就是前一年所生下的年轻子女会回来帮母亲孵育及照顾弟弟妹妹，称之为巢边帮手制。在这个时期，我们的个性比较火爆，只要有任何动物靠近巢边，都会展开强烈的攻击。

小型鸟、雏鸟、鼠类、蜥蜴或昆虫等都是我们的主食，木瓜是最爱。体长58~65厘米，翼长18厘米~21厘米，展翼50厘米~60厘米，尾长约40厘米，体重250克。我们和乌鸦是同一科，羽色截然不同。红嘴、头至胸部为黑色，其余为蓝色，尾羽中央两根特别长是鲜蓝色，其他尾羽则是黑色，白色相间，非常漂亮。

我们会将吃剩的食物藏在树上，或地面泥土中，等待一段时间后再把剩余的食物吃掉。

目前是保护类动物。

别名 **台湾暗蓝鹊、长尾山娘、长尾阵、山娘**

飞舞的精灵

Part

4

维多利亚冠鸽

我是来自新几内亚与北海岸加尔文克湾岛、太平洋诸岛屿（中国台湾、菲律宾、汶莱、马来西亚、新加坡、印度尼西亚的苏门答腊岛）的维多利亚冠鸽，是所有鸽科中体积最大的。

雌、雄在头上都有扇形的彩冠，由白色和粉紫色羽毛组成，无论何时看起来都绚丽无比，因此也有人称我们是鸽中的女王。成年雄性体形略大于雌性，体长约66厘米~70厘米，体重2.2公斤~2.4公斤。

喜欢吃浆果、掉落地面的果实、种子、软体动物、螃蟹等，野生寿命约二十五年，饲养的寿命约三十年。

眼睛虹彩为红色或紫红色，外面有一圈深蓝或深紫色短毛，看起来华丽且有女王气势。通常在近水的森林或沼泽地区活动，一窝只下一个白色的蛋，雄鸟会向雌鸟炫耀头冠与尾巴求爱，配对后我们终生贯彻一夫一妻制。

目前是濒危物种。

蓝冠鸽

我是来自印尼境内的巴布亚新几内亚岛、印度尼西亚群岛的蓝冠鸽，是冠鸽家族中体形最大而且最美丽的。

有人说我们头上的彩冠跟孔雀开屏的尾巴一般美，我们雌、雄外形相近，都有漂亮的彩冠，只是雄鸽的体形稍大些。种子、水果是我们的主食，偶尔也吃昆虫。成年体长可达71厘米~80厘米，体重2公斤~2.5公斤。

我们全身以蓝紫色为主，蓝色头冠像一把扇子般放射打开，当地人为了羽毛和食用而捕捉我们，目前已经被国际评估为易受威胁的稀有物种。生活在沼泽地和雨林中，实行一夫一妻制，且是终身配偶。

绿丝冠僧帽鸟

我是来自非洲西部的绿丝冠僧帽鸟，顾名思义我的头顶上有着橄榄绿的羽冠，像僧侣戴的帽子似的，非常时尚。

全身色彩鲜艳，脸部是鲜艳的绿色，搭配红色眼珠，上半身亮紫色接鲜红色，尾巴是浅黑色带蓝色金属光泽，漂亮极了！

以各种果实、花及嫩芽为主食，也吃蜗牛及白蚁。雌鸟一次产两个蛋，一年可以生到五次，在动物园里繁殖得非常好。因为脸部的色彩十分鲜艳，有人戏称我有张国剧脸谱，也有人称我为庞克鸟。

别名 **庞克鸟**

红天堂鸟

我是来自新几内亚东北部和南部的红天堂鸟，是巴布亚新几内亚的国鸟，1971 年就被作为国徽，并放在国旗内。

主要的食物为果实、浆果、无花果、昆虫及其幼虫和蜥蜴。我们是多配偶制，雄鸟会聚集在 30 米 ~ 100 米直径的求偶场，争先抢到最高的位置，然后集体向雌鸟求爱。成年体长约为 34 厘米。

我们通常会把鸟巢筑在距离地面 2 米以上高度的树枝上，如果受到人类骚扰会筑得更高，最高可达 11 米。身体栗红色，喙灰蓝色，虹膜黄色，脚灰褐色。雄鸟的冠是黄色，喉咙翠绿色，雌鸟的色彩较为单调，两侧羽毛呈红至橙色。

通常在新几内亚东部的热带森林内活动，喜欢低海拔的环境。因为天堂鸟的外表相当华丽，自古就有许多别名，如：风鸟、雾鸟、神鸟、比翼鸟。我们在飞行时由后面看，有如五彩锦雾，因此被称为雾鸟。

别名 红羽极乐鸟、红羽天堂鸟、风鸟、雾鸟、神鸟、比翼鸟

蓝耳雉

我是来自中国青海东北部和东部、内蒙古自治区、甘肃省阿拉山的蓝耳雉。全身灰蓝色，头顶黑色，脸颊绯红，还有细长漂亮的耳羽。

这样特别的耳羽和长长的尾羽，让我们成为同类中最出色的一个家族。

成年雄蓝耳雉身体全长 92 厘米 ~ 103 厘米，雌鸟全长 76 厘米 ~ 94 厘米。我们喜欢成群外出活动，最爱在高冷林地、草原和灌木丛出没。

环颈雉

我是原产于亚洲的环颈雉，自然分布到中亚、蒙古国、中国东北三省、西伯利亚、朝鲜半岛、越南北部及缅甸东北部的广大地区。由于外形跟鸡相似，又名雉鸡，俗称野鸡。

主食是果实、谷物、种子、嫩芽，有时也吃昆虫、蚯蚓、蜗牛等小动物。成年雄环颈雉体长约75厘米~90厘米（尾长将近50厘米），体重约410克~1990克。雌鸟体长约53厘米~63厘米（尾长约20厘米）。

我们都会飞，但比较喜好奔跑。飞行速度每小时43公里~61公里，危急时可以加速到每小时90公里。喜欢栖息在中、低山丘陵的灌丛、林缘草地、山麓、湖泊边。我们原本族群庞大，各地都有，但近年因为所处环境被大量开发，加上被过度捕猎，如今已经很难看到我们的身影在野外出现了。

野生的环颈雉，身体羽色通常底色为棕褐色，头部深绿色，有明显红色眼斑肉垂，白色颈环。全身有杂斑的金属光泽的棕褐色至银灰色，雄鸟头部有黑色光泽。我们是一夫多妻制，平常在地面筑巢，夜间飞到树上栖息。

别名 **雉鸡、野鸡**

黑袖鸽

我们是来自中南半岛、东南亚及大洋洲新几内亚的黑袖鸽。

全身覆盖雪白略带米黄色的羽毛，在翅膀尾端、尾末呈现黑色，眼珠子又黑又圆，这点与其他鸟类非常不同。

我们最喜欢吃果实、浆果、昆虫，有时会聚集成群排成一列，发出低沉柔软的声音。在邻近大陆的红树林或海岸边觅食，只要抬头看到眼珠子最圆最黑的白色鸽子，那就是我们了！

目前是非公告保护类野生动物。

绿簑鸽

我是来自东南亚、孟加拉湾的尼古巴群岛、印尼、新几内亚和缅甸、泰国的绿簑鸽。

我外形十分抢眼，全身亮深绿色羽毛闪闪发光，尾部短呈白色，细看有点像是船尾。最特别的是嘴喙上有着小块突起的黑色肉瘤，颈上长长的颈羽有时候还会蓬起来，每个看到我的人都很喜欢我的可爱模样。

我喜欢吃种子、嫩叶、水果（掉落的果实）、昆虫等，成年体长 34 厘米 ~ 42 厘米，体重 460 克 ~ 600 克，雄性体形略大。平常栖息在滨海地区的热带雨林中，虽然我们有强健的体能可以在海岛之间飞来飞去，但我们比较喜欢在河边的林地卜觅食，晚上才飞到树上休息。

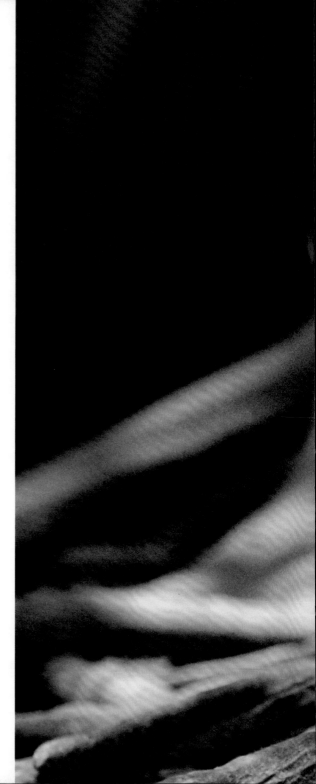

　　我们有个群体筑巢的习惯，会将巢筑在
2 米以上的高处，只要受到干扰，会集体弃
巢重新另觅理想地点。最多的时候，曾经有
过近千个鸟巢筑在同一区，看起来想必十分
壮观。

　　目前是濒临绝种的鸟类。

红领绿鹦鹉

我们是来自非洲、乌干达、索马里、缅甸、印度、尼泊尔、巴基斯坦、南亚及东南亚等地的红领绿鹦鹉。

我们全身嫩绿色，底层粉黄，红嘴、红眼，还有一圈细细的红领带。

以水果、浆果、花朵、花蜜、谷物、坚果等为主食。成年体长约 38 厘米 ~ 43 厘米，尾长 19 厘米 ~ 27 厘米，体重 100 克 ~ 125 克。

别名 **玫瑰环鹦鹉、环颈鹦鹉、月轮**

在亚洲，我们栖息在海拔 1600 米以下的地区，非洲则在 2000 米以下常绿阔叶林中。平常在森林、红树林、热带草原、农耕地、城市的公园出没，我们会在离地 3 米 ~ 10 米高的树上筑巢。

我生性害羞，但并不怕人，经人工培育出来的颜色有蓝色、黄色、白色。由于适应力强，在欧洲、美洲及中国台湾的野外都能发现我们的足迹。圈养寿命约二十年。

翠翼鸠

我们是来自中国大陆西南部、海南岛、台湾地区及印度、马来半岛、中南半岛、泰尼克巴群岛、安达曼群岛、摩鹿加群岛、西里伯斯以及新几内亚等地的翠翼鸠。

经常栖息在海拔 1500 米以下的林区、果树林或溪岸灌木丛等地。

雄鸟颊、喉颈延伸至上背、胸部皆为粉砖偏褐色。两翼为有金属光泽的绿色偏橙黄色，嘴部鲜红。以掉落在地上果实、种子、谷物、嫩芽、浆果及及昆虫为主食。成年体长约 25 厘米，翼长约 14 厘米 ~ 25 厘米。雌、雄体形差不多，雌鸟的颜色较不鲜艳。

喜欢单独行动，加上警戒心强，在野外一般人很难发现我们的行踪。目前是一般应为保护类野生动物。

别名 金雏、金鸠、金鹊、绿背金鸠

金胸椋鸟

我是来自非洲东部索马里至坦桑尼亚、伊索比亚南部、肯尼亚东部等地的金胸椋鸟，由于我的体色非常亮丽，也被称为皇家椋鸟。

别名 **皇家椋鸟**

　　我喜欢在灌丛中、热带草原出没，以小果实、白蚁及其他昆虫等为主食，反应非常机灵。成年金胸椋鸟体长约 30 厘米 ~ 35 厘米，我的适应力很强，台湾有越来越多的人把我当成宠物来饲养。

　　我的头、背部是蓝绿色，喉咙至胸前上方是深紫色，胸部以有像背心形状的金黄色，看起来非常精神且贵气。尤其一双大眼睛，更让人一眼就对我深深着迷。

五色鸟

我是来自亚洲、非洲、中南美洲、西印度等地的五色鸟，因为身上有绿、红、黄、蓝、黑五色而得名。

经常会发出"叩叩叩"，听起来像是敲木鱼的声音，所以有个外号叫：花和尚。其实我们一点也不花心，是一夫一妻制的鸟类。

以果实或小昆虫为主食，身长约20厘米～23厘米，嘴长2.3厘米～2.7厘米，翼长9厘米～10.3厘米，尾长5厘米～6.7厘米，体重84克。我们的身体多为翠绿色，头圆且体形偏胖，头部为蓝、黄、红、黑交杂。我们会在枯木或枯枝上打洞筑巢，客家人称啄树鸟。也常在木瓜成熟时在树上大快朵颐，因此有木瓜鸟的外号。喂养幼鸟时很用心，各种昆虫、浆果餐餐不同，只为了给幼鸟均衡的营养。

别名 花和尚、啄树鸟

　　我们喜欢栖息于 2800 米以下的低海拔阔叶林中，因为枯木遭台风及人为因素的清除，我们的生存空间越来越小，目前已经是濒临绝种的保护类野生动物了。

　　我们是中国台湾特有品种，由于会啄树洞，常被人误认为啄木鸟，其实我们只能算是拟啄木鸟而已。不擅长飞行，生性不好动，因为外表的保护色，不易被发现，夜间在枯老树洞中过夜。

翠鸟

我是来自欧亚大陆、东南亚、中国（海南岛、台湾、香港、东北、华东、华中、华南）、非洲北部的翠鸟，因为擅长捉鱼，有鱼狗及钓鱼翁的外号。

通常我会静静地蹲坐在水边高处的岩石或枝条上，等发现猎物时，便飞至空中停驻观察，待时机成熟冲入水中捉住鱼虾。虽然个头娇小，这方面的捕鱼技术几乎是"弹无虚发"呢！我的眼睛进入水中，还能保持极佳视力，迅速调整因为光线造成的视差，所以才能百发百中，鱼捉上岸后会将它拍晕，一口吞下。

以鱼类、虾类、水生昆虫为主食，体形似啄木鸟，尾巴较短小。头部和身体背部是蓝绿色，胸下及脸颊为橙色，喉部白色，背部中央有一条亮蓝色的纵带，双脚红色，嘴为黑色。雌、雄外形相似，雌翠鸟嘴上有红色，像是涂上唇膏。体长约 15 厘米 ~ 17 厘米。

别名 **鱼狗、钓鱼翁**

喜欢栖息在溪流、湖泊、沼泽、鱼
塘等湿地环境中。爱鸟人士最喜欢看我
们泛着宝蓝色光泽的身影在水边出没，
尤其是飞行时会发出"叽"的声音，很
像一架小型玩具飞机。

水雉

我们是来自印度、亚洲南部以及印尼的水雉，在台湾地区多栖息于菱角田，也叫菱角鸟。因为在水上的姿态翩翩，而有凌波仙子的美誉。

我们是全世界八种雉类中唯一具有繁殖羽，及非繁殖羽型态的鸟类，并且我们的婚姻是极少见的一妻多夫制。在繁殖期（夏季）头、脸、喉和前颈为白色，头后黑色，尾羽长。非繁殖期（冬季）原黑色部位变成褐色，尾羽变短。

我们喜爱在有浮叶植物的水泽地区活动，因此有"叶行者"的称号。虽然动作优雅，体形不大，但脾气却不小。母鸟下蛋后就会离开，另觅对象，公鸟则独自负责之后的孵化照顾。雌、雄水雉外形羽色相似，雌鸟体形较雄鸟大些。

以水中的软体动物、水生昆虫、浮游生物和植物嫩芽、种籽等为主食。身长 52 厘米 ~ 55 厘米。有一年台湾屏东发生近三千多只鸟，因误食洒了农药的稻谷而死亡的事件，这三年多来，农民以无毒方式种植菱角，换回水雉再临。以前我们是台南县鸟，现在台南县没了，我的封号也飞了！（县市合并后台南市鸟尚未票选确定）